極品馥郁

栗子甜點

下園昌江

前言

每年接近夏季尾聲時，「差不多是栗子盛產的季節了呢！」
我總是這樣想著而感到心神不定。這是一個超市會擺出還未處理的新鮮栗子，
西點店、和菓子店也開始有栗子點心亮相，喜歡栗子的人會雀躍不已的季節。

近年來，使用和栗（日本產栗子）製作西式甜點已相當普遍，
但在二十多年前，我剛開始學做甜點的那個年代，若是製作栗子甜點，
大多是使用外國產的加工品，並沒有什麼機會可以接觸到和栗。

這樣的我由於遇見了某家甜點店的蒙布朗，
因而見識到和栗的美味。
那種彷彿品嚐栗子本身的濃郁滋味，同時帶有細緻且豐富香氣的風味
令人讚嘆不已，讓我一時沉浸在其餘韻中。

之後過了好幾年，被和栗的美味深深吸引的我開始嘗試製作栗子澀皮煮。
一直以來都是直接購買市售的成品，那是我第一次自己親手做。
因為不知道該如何著手，於是我試著在網路上搜尋，
結果有太多種作法，導致我不知道哪一個才是正確的。
總之，我抱著船到橋頭自然直的心情挑戰，然而卻從第一個步驟「剝除鬼皮」開始
就陷入苦戰。不小心把澀皮都削掉、剝到被蟲啃食的栗子而嚇哭……。
總算結束後，發現成功剝除的只有一半!?
從那次開始，每年只要一到秋天，我就會一邊嘗試一邊找出錯誤，持續製作澀皮煮，
慢慢地，逐漸找到屬於自己的作法。
現在已經把處理栗子當作享受季節氣氛的愉快工作了。

本書中，除了介紹我好不容易摸索出來的澀皮煮等栗子的處理方法，
還介紹使用可以保存的栗子食品製成的西式與日式甜點。

為了能夠充分活用只有和栗才有的細緻風味和口感，
使用栗子澀皮煮與甘露煮製作的甜點，我盡可能地保留栗子本身的形狀。
而使用栗子泥製作的甜點，則幾乎不加入砂糖以外的材料，
以求提引出栗子本身的香氣與風味。

如果各位能透過本書愉快地享受處理栗子的過程，
並藉由栗子製作的甜點，增添對這個季節的喜愛與喜悅，那我將會非常開心。

下園昌江

關於栗子

在開始處理栗子之前，
先來確認一下栗子的品種和出現在市面上的時間吧。
早的話，有些地方在7月底
就會開始預約販售新鮮栗子，
因此我建議大家事先確認販售地點。

[栗子的產季與品種]

日本國內種植了很多不同品種的和栗。各品種果肉的質感與甜度、皮的硬度等，也都各有差異，因此要根據自己想製作的食品來挑選。除了栗子本身的風味之外，選擇比較容易加工的品種能讓處理的過程更為輕鬆愉快。新鮮的和栗大概會在每年8月底～ 11月這段期間出現在市面上，其中又區分為8月下旬～ 9月中旬收穫的早生品種、9月下旬收穫的中生品種，以及在10月以後才採收的的晚生品種。每種品種的盛產期都非常短暫，為了不錯過產季，建議事先確認上市時間。11月以後仍在販售的栗子通常是以低溫保存熟成，甜味會更為濃郁。這種栗子建議不加砂糖，直接水煮或蒸煮後品嚐。

[主要品種、產季與其特徵]

※栗子在市面上販售的時期，會因當年的生長狀況和產地而有些許差異。
下方的資訊主要是以日本茨城縣的栗子為基準。

丹澤（9月上旬）

早生品種的代表。可以享受到碩大果實的鬆軟口感，建議水煮或製成栗子炊飯等。

Porotan（9月上旬～ 9月中旬）

果實碩大，而且只須在外皮劃入幾刀並加熱，就能輕鬆地剝除澀皮，是劃時代的新品種。果肉呈黃色，適合做成甘露煮或栗子炊飯，也可以做成栗子泥。

國見（9月中旬）

果實碩大，但甜味和風味都比較溫和。水煮、蒸煮或是栗子泥等，不論做成什麼都適合的萬用品種。

利平（9月中旬～9月下旬）

口感鬆鬆軟軟且風味強烈，兼具樸實與濃郁兩種面貌的品種。以水煮或蒸煮方式，更能提引出栗子本身的優點。

筑波（9月下旬～ 10月上旬）

中生品種的代表。常見於超市的栗子。果實碩大且帶有甜味，香氣也很濃郁，相較之下是比較方便使用的品種。

銀寄（9月下旬～ 10月上旬）

充滿和栗的風味及濕潤的口感為其特色。果實碩大但鬼皮較薄，所以很好剝除，可以做出完美的栗子澀皮煮。

石鎚（10月上旬～ 10月中旬）

晚生品種的代表。帶有甜味並充滿香氣。果實為偏紅且明亮的褐色，充滿光澤感。

岸根（10月中旬～ 10月下旬）

果實在和栗中是最大的。口感鬆軟且容易崩散的果實經常用於製作蒙布朗或是栗子金團。

本書中分別使用了「銀寄」和「利平」

我嘗試過各種不同的栗子品種，最喜歡且最常使用的是銀寄和利平。銀寄的鬼皮較薄，所以容易剝除，是很方便使用的栗子。其澀皮漂亮且纖維少，因此用來製作澀皮煮的時候，不但非常有效率且能呈現出色的外觀。另外，銀寄濕潤的質地和纖細優雅的滋味，不論是用在西式甜點或日式甜點都非常適合。利平的滋味和香氣皆屬上乘，但鬼皮非常硬，如果做成澀皮煮，煮好的糖漿容易氧化變黑，所以在考量作業的順暢及外觀之下，我會製成甘露煮或是栗子泥。另外，因為其果實也具有恰到好處的粉狀感，所以在製作栗子香緹鮮奶油或栗子粉麻糬等，必須將栗子泥處理成乾粉粒狀時，容易做出乾鬆顆粒狀的利平就顯得非常方便且重要。

處理栗子的基礎

那麼，終於要開始採買新鮮栗子
並進入製作基礎加工品的準備工作了。栗子的新鮮度非常重要。
事先了解挑選方法與保存訣竅，才能確保使用最佳狀態的栗子。

[挑選方法]

表面有一層堅硬的鬼皮，乍看之下好像很適合長時間保存的栗子，其實是非常纖細的。採收後，風味會隨著時間逐漸消失，也會變得乾燥或是出現一些碰撞傷痕。因此，購買時要挑選整體看起來飽滿具有分量、鬼皮平滑且充滿光澤，同時顏色較深的新鮮栗子。栗子內部很容易有小蟲躲藏，所以請盡量避開表面有小洞或傷痕、有白色顆粒狀突起、底部有黑色斑點或摸起來黏手的栗子。

挑選技巧：用拇指逐一按壓買回來的栗子，如果有點凹陷的話，代表裡頭的果實不飽滿，這種就不要使用。另外，清洗的時候，泡在水中會浮起來的栗子，有可能已經變得乾燥或是內部有小蟲啃食，這些栗子也都不要使用。

[保存方法]

新鮮栗子非常容易乾燥，如果剝好之後直接置於室溫，水分很快就會散失，導致果實不再飽滿，同時香氣也會消散，使口感和風味下降。所以買回家之後，建議在1週內加工完畢。另外，直接置於室溫容易引來小蟲，因此若不打算立刻加工製作的話，可以用報紙包起來放進冰箱冷藏保存。此外，栗子以低溫保存1～4週，本身所含的澱粉會糖化而使甜味倍增。建議放在冰箱的保鮮室內，可以製作成栗子炊飯或蒸煮栗子等，品嚐栗子本身的甜味。

冷藏保存的技巧：如果栗子表面有髒汙，可用水清洗過後以廚房紙巾擦乾水分，用報紙包起來。接著請放入塑膠袋中，將袋口折疊（不要密封）後放入冰箱的保鮮室。存放在冰箱中的栗子會產生水氣將報紙濡濕，這時候請更換新的報紙。

[關於蟲害的處理]

一般超市販售的栗子或是直接向農家購買的栗子，大多都已經過篩選，有些甚至已做過抑制蟲害的處理（須事前確認），所以沒有必要再自己動手。但如果是在野外撿拾的栗子，不做任何處置就放在室溫中，栗子裡可能會充滿小蟲，所以在撿拾回家當天先做好事前處理，之後會比較安心。

處理小蟲的技巧：在鍋中放入大量的水，加熱到50℃，將挑選過的栗子放入水中浸泡30分鐘（期間要將水溫維持在50℃）。接著用流動的冷水冷卻，清洗後擦乾水分，鋪在報紙上並放在陰涼處晾乾。確實放置乾燥後，用左頁介紹的「冷藏保存的技巧」以報紙包起，放入冰箱的保鮮室冷藏。

[關於剝栗子的工具]

一般來說，會使用鋒利的菜刀或是小刀。無論剝除鬼皮或澀皮，我一律都是使用小刀（照片左邊）。刀刃長度約12cm的刀子比較小巧方便，從剝除堅硬的鬼皮到去除殘留在栗子凹槽的鬼皮及小黑點等細節的作業，都能用這把刀子來進行。如果是平時就經常使用的工具，手感較為熟悉，比較不會感到疲勞，也能提升工作效率。

使用適合自己的栗子剝殼器：栗子剝殼器有類似剪刀的產品，也有像老虎鉗（照片右邊）或削皮刀等各種不同的樣式，請選用自己順手的工具試著操作看看。老虎鉗式的剝殼器是握著把手操作刀刃，可以較不費力地剝除鬼皮。

CONTENTS

02 前言
04 關於栗子
06 處理栗子的基礎
10 本書的使用方式

92 結語
94 工具
95 材料

Prologue

基礎栗子加工品

完成前置作業之後
就能慢慢地享用

12 栗子澀皮煮
16 栗子甘露煮
20 栗子泥
- 粗顆粒
- 細顆粒

24 栗子抹醬
24 栗子奶油

26 和麵包一起享用的簡單食譜
- 栗子抹醬烤吐司
- 栗子抹醬三明治
- 長棍麵包佐栗子奶油與生火腿

Chapter 1

西式栗子甜點

散發著濃郁風味

28 栗子蘭姆酒蛋糕

32 栗子和三盆糖蒙布朗

34 栗子瑪德蓮

36 栗子蜂蜜蛋糕捲

40 栗子松露巧克力

42 栗子巧克力蛋糕

44 栗子榛果塔

45 栗子黑醋栗維多利亞夾心蛋糕

50 栗子黑糖咖啡咕咕霍夫

52 栗子派

54 栗子巴斯克起司蛋糕

56 栗子焙茶磅蛋糕

57 栗子咖啡奶油夾心餅

62 栗子全麥司康

64 栗子香緹鮮奶油杯

66 2種栗子冰淇淋

- 洋栗冰淇淋
- 和栗冰淇淋

68 享受西式與日式栗子芭菲

- 栗子黑醋栗芭菲
- 栗子焙茶芭菲

Chapter 2

日式栗子甜點

溫和且樸質的滋味

72 栗子抹茶浮島蒸糕

76 2種栗子銅鑼燒

- 顆粒紅豆餡＆栗子甘露煮
- 栗子豆沙餡＆栗子澀皮煮

78 栗子蒸羊羹

80 栗子琥珀糖

82 栗子金團

83 栗子最中餅

86 栗子粉麻糬

88 栗子金鍔

90 栗子大福

【關於食譜】

- 最佳品嚐時間、保存期限皆為參考標準。如果製作時使用的砂糖分量比書中記載的少，保存期限會隨之縮短。
- 1小匙＝5mℓ 、1大匙＝15mℓ 、1杯＝200mℓ 。
- 雞蛋皆使用M尺寸（淨重約50g）。
  M尺寸的大致標準分量為蛋黃20g、蛋白30g。
- 鹽皆使用給宏德鹽之花（顆粒）。
  奶油皆使用無鹽奶油。
- 微波爐的加熱時間是以600W為參考標準。
  請根據機型與瓦數觀察狀態並調整時間。
- 烤箱的烘烤溫度與時間會因機型而有所差異。
  請根據自家的烤箱調整。

本書的使用方式

本書介紹使用新鮮栗子製作的基礎加工品，
以及用處理好的栗子製作西式和日式甜點的食譜。
首先分別確認用不同方式處理好的栗子可以製作哪些甜點，
接著就著手準備新鮮的栗子吧。

基礎栗子加工品

栗子澀皮煮
（作法請見第12頁）

栗子甘露煮
（作法請見第16頁）

栗子泥
（作法請見第20頁）

栗子甜點

【用栗子澀皮煮製作的甜點】

- 栗子蘭姆酒蛋糕（p.28）
- 栗子瑪德蓮（p.34）
- 栗子松露巧克力（p.40）
- 栗子榛果塔（p.44）
- 栗子黑醋栗維多利亞夾心蛋糕（p.45）
- 栗子黑糖咖啡咕咕霍夫（p.50）
- 栗子派（p.52）
- 栗子巴斯克起司蛋糕（p.54）
- 栗子焙茶磅蛋糕（p.56）
- 栗子咖啡奶油夾心餅（p.57）
- 栗子全麥司康（p.62）
- 栗子黑醋栗芭菲（p.68）
- 2種栗子銅鑼燒～栗子豆沙餡＆栗子澀皮煮（p.76）

【用栗子甘露煮製作的甜點】

- 栗子蜂蜜蛋糕捲（p.36）
- 栗子巧克力蛋糕（p.42）
- 栗子焙茶芭菲（p.69）
- 栗子抹茶浮島蒸糕（p.72）
- 2種栗子銅鑼燒～顆粒紅豆餡＆栗子甘露煮（p.76）
- 栗子蒸羊羹（p.78）
- 栗子琥珀糖（p.80）
- 栗子最中餅（p.83）
- 栗子金鍔（p.88）
- 栗子大福（p.90）

【用栗子泥製作的甜點】

細顆粒

- 栗子和三盆糖蒙布朗（p.32）
- 栗子蜂蜜蛋糕捲（p.36）
- 栗子黑醋栗芭菲（p.68）
- 2種栗子銅鑼燒～栗子豆沙餡＆栗子澀皮煮（p.76）

粗顆粒或細顆粒

- 栗子香緹鮮奶油杯（p.64）
- 2種栗子冰淇淋～和栗冰淇淋（p.66）
- 栗子焙茶芭菲（p.69）
- 栗子金團（p.82）
- 栗子粉麻糬（p.86）

【可以直接享用及長時間保存】

栗子抹醬（p.24）／栗子奶油（p.24）

Prologue

基礎栗子加工品

完成前置作業之後
就能慢慢地享用

在甜點教室裡，只要一到秋天就充滿栗子！栗子！栗子！
同時為了甜點的前置作業，首先要大量製作栗子澀皮煮。
顆粒完整漂亮的栗子澀皮煮是西式甜點的主角，
栗子甘露煮除了適合做日式甜點，也是日本新年料理的必備菜餚。
不論哪一種，只要做出漂亮的成品就會令人開心不已。
栗子泥是製作西式甜點的基礎加工品，用於蒙布朗和栗子金團！
重複剝除鬼皮和澀皮、去除浮沫雜質等，
處理栗子時，不論哪個步驟都非常花費心力，
但事先做好準備，之後就有製作美味栗子甜點這項令人期待的事。
首先從處理新鮮栗子開始，享受滿滿的秋天滋味吧！

可以享受澀皮充滿香氣的風味與果實濕潤鬆軟的口感，僅是煮過就能成為出色的甜點。到完成為止要花費很多時間，由於每個步驟都要浸泡在水中或湯汁裡一晚，建議依照自己的步調來製作。我通常會花3～4天來完成。

最佳品嚐時間、保存期限

放置1～2天會更入味。
如果要存放，在沒有做脫氧處理（參考p.19下方的說明）的狀況下，可以冷藏保存約1週。如果有做脫氧處理，可以置於陰涼處保存約1年。
※如果細砂糖的分量少於栗子重量的80%，保存期間就會縮短，請多加留意。

材料（方便製作的分量）

栗子 — 500g

⇒配合家中鍋子的大小，一般家庭一次可以製作的分量以500g～1500g較為適當。
初次製作，建議先從500g開始嘗試。

小蘇打 — 3～5小匙

細砂糖 — 剝除鬼皮水煮後
　栗子重量的50%～100%（本書中使用80%）

事前準備

・如果時間充足的話，請在前一天先用大量清水浸泡栗子。

剝除鬼皮的訣竅

［在栗子溫熱時剝除］
將栗子加熱到約50℃。剝的時候如果栗子的溫度下降、鬼皮開始變得難以剝除，就再次加熱。

［戴上手套進行作業］
由於要在栗子還溫熱的時候操作，建議在棉手套上再戴上拋棄式橡膠手套，這樣就算栗子燙手還是能夠進行作業。

［稍微有點破損也沒關係！］
剝除栗子的鬼皮時，即使澀皮的上面（a）有大約直徑5mm的小破損也沒關係。加熱時並不會出現像（b）這樣迸裂的情況。如果栗子有較大的損傷，就將全部的澀皮剝除後製成栗子甘露煮（p.16），或是裹上適量的砂糖後冷凍保存，用來製作栗子炊飯等也很適合。

剝除鬼皮

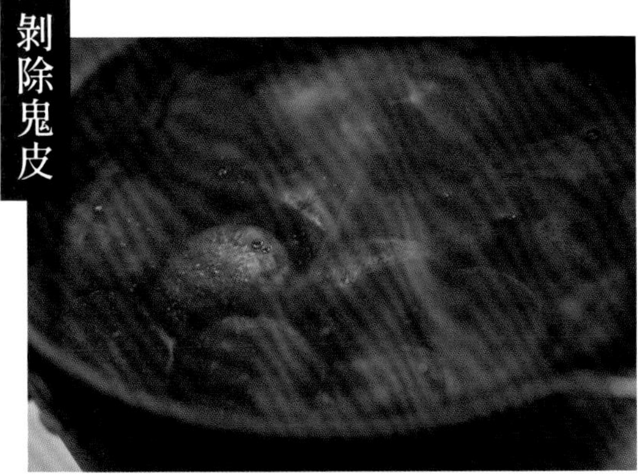

step 1　清洗栗子，在鍋中放入大量的水和栗子，開中火加熱至50℃左右。

⇒透過將栗子加熱的步驟，讓鬼皮變得柔軟就會比較好剝。

step 2　利用小刀在栗子圓弧狀那側的底部輕輕劃一刀，以將鬼皮往上拉起的方式開始剝皮（左）。接著用手指將平坦狀那側的鬼皮頂部扣住後，一口氣剝開（右）。

step 3　最後用手指剝掉底部的鬼皮，如果表面凹槽中有鬼皮殘留，就將鬼皮拉出後（左）剝除（右）。

⇒凹槽中的鬼皮較難剝除時，可以在去除雜質的步驟後（step9）再處理。

step 4　為了避免剝好的栗子變得乾燥，每剝好一個就要放入裝了大量水的調理盆中浸泡。

⇒因為剝除鬼皮的步驟非常麻煩且辛苦，所以將栗子直接泡在水中一晚，隔天再繼續進行作業也沒問題。

去除雜質

step 5

將栗子放入鍋中，重新裝入大量的水，開中火加熱。開始冒出蒸氣後，加入1小匙小蘇打。

⇒加入小蘇打有助於去除栗子澀皮的雜質。

step 6

煮至沸騰後，轉為小火再煮10～15分鐘，注意別加熱至沸騰。關火之後，先放置約1分鐘。

⇒煮至沸騰冒泡會造成栗子崩散，請多加留意。

step 7

將鍋子連同內容物一起放到水槽中，開水龍頭讓熱水沿著鍋子邊緣慢慢加入鍋中，持續加熱水直到鍋中的水變得乾淨為止。

⇒溫度大幅變化會導致栗子裂開，所以請加入熱水而非常溫水或冷水。

step 8

裝入滿滿的熱水後，重複step5～7的作法約2～4次，直到熱水變得清澈為止。

⇒每次更換熱水後都再次加入小蘇打。重複操作直到鍋中的水呈現照片中無混濁感且如紅茶般的淺淺色澤（水不會完全變透明無色）。去除雜質後，也可以直接浸泡放置一晚。

將澀皮處理乾淨

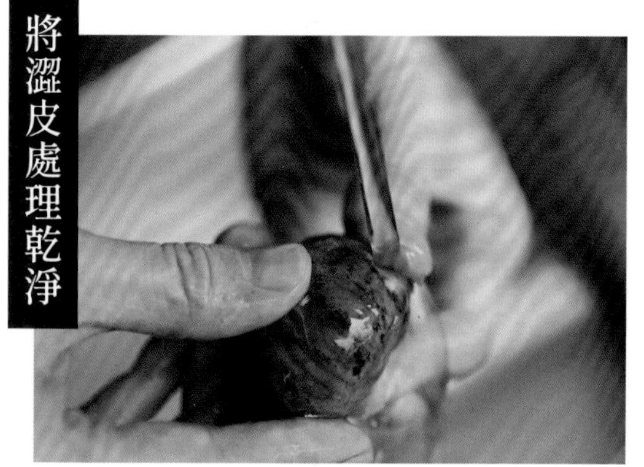

step 9

將step8置於室溫中冷卻，一邊以水沖洗栗子，一邊用指腹輕輕搓洗掉澀皮細細凹槽中的皮膜。

step 10

最理想的栗子是像照片中這樣，凹槽中完全沒有黑色皮膜附著，但某些品種的栗子較難去除皮膜。如果過度搓洗會使澀皮脫落或磨損，就不要勉強處理，僅去除能輕輕搓掉的部分即可。

加入細砂糖

step 11

秤量栗子的重量後，準備栗子重量50～100%分量的細砂糖。

⇒細砂糖以栗子重量的50～100%為基準，可以依照喜好加入適合的量。本書中使用栗子重量80%的分量。

step 12

在鍋中放入栗子和大量的水，以較小的中火加熱。開始冒出蒸氣後，加入準備好的細砂糖1/3的分量。

熬煮

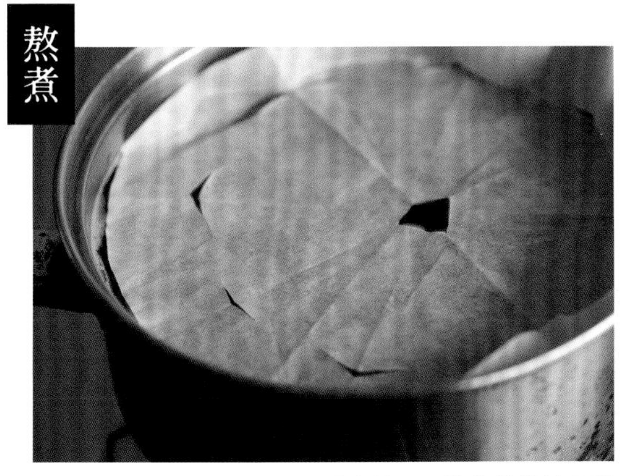

step 13

裁剪烘焙紙並剪出缺口，當作落蓋放入鍋中，煮至沸騰後，轉小火慢慢熬煮15～20分鐘。關火放置半天（4～6小時），再次開小火加熱並加入1/3分量的細砂糖，一樣慢慢熬煮15～20分鐘後，關火放置半天。接著再重複此步驟一次。

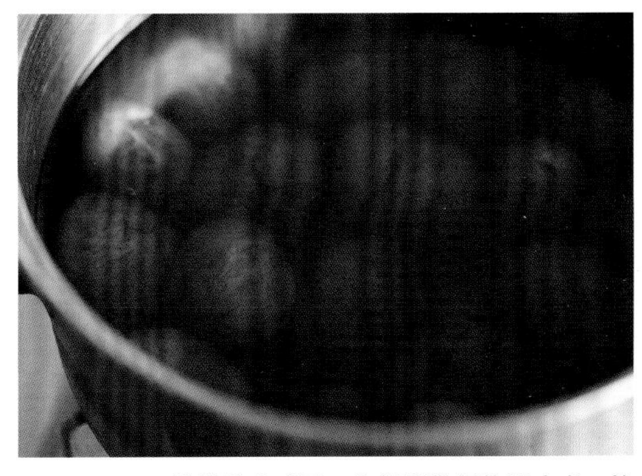

step 14

這樣就完成了。比起剛做好的澀皮煮，放置1～2天會更入味。

⇒如果用較少量的砂糖製作，可以在step13最後一次加入細砂糖熬煮並放置一晚後，試一下味道。如果不夠甜就酌量加入細砂糖以小火熬煮至沸騰，並放置半天。

※如果鍋子上有澀皮的色素殘留，可在鍋中注滿水後，加熱至約50℃，加入氧系漂白劑（依照包裝上指示的分量）放置約1小時，就會比較容易清除。

保存

step 15

將栗子放入乾淨的玻璃瓶中，倒入煮好的糖漿直到蓋過栗子為止。

⇒如果會在1週內使用就冷藏保存。如果要長期保存的話，則在step13最後一次加熱完畢後，放入煮沸消毒過的玻璃瓶並進行脫氧處理（參考p.19下方的說明），存放在陰涼處。

加入洋酒做出更醇厚的風味

加入洋酒的香氣能讓栗子澀皮煮的風味變得更加深邃，也很適合用來搭配西式點心。我推薦右圖中的3種酒。蘭姆酒和白蘭地的滋味醇厚且帶有香甜氣味，和栗子很對味；柑曼怡香橙甜酒則帶有苦橙的清爽香氣，給人輕盈且華麗的感覺。如果要加入酒，可在step13最後一次熬煮15～20分鐘後，加入約1～3大匙喜歡的洋酒。接著再次稍微煮至沸騰並放置半天即完成。

栗子甘露煮

帶有鮮豔的黃色與溫和的栗子風味，非常吸引人的栗子甘露煮。很適合用來搭配紅豆餡，尤其在製作日式甜點時，更是不可或缺的素材。雖然常會在熬煮時碎裂，需要多加留意，但也有很多可以充分利用碎栗子製作的甜點，請以輕鬆的心情試著做做看。

最佳品嚐時間、保存期限

放置1～2天會更入味。
如果要存放，在沒有做脫氧處理（參考p.19下方的說明）的狀況下，可以冷藏保存約10天。如果有做脫氧處理，可以置於陰涼處保存約1年。
※如果細砂糖的分量少於水分重量（400g）的65%，保存期間就會縮短，請多加留意。

材料（方便製作的分量）

栗子 — 500g

⇒因為栗子中含有多酚，所以在加工過程或保存期間
顏色可能會變黑，但這並不影響栗子的風味。
相較之下，新鮮的栗子較不容易變色。

燒明礬 — 略多於1大匙

⇒將栗子放入明礬水中浸泡就能去除雜質，同時還能避免栗子
在熬煮後崩散和變色，不過不使用燒明礬也能製作栗子甘露煮。

乾燥梔子花果實 — 1個

細砂糖 — 水分重量的50～100%
（本書中使用65%）

⇒一旦減少細砂糖的分量，栗子就容易溶出澱粉，
有時會導致糖漿在存放期間中變白、變混濁。
如果要長期保存，建議加入水分重量（400g）65%以上的細砂糖。

水 — 400g

事前準備

- 如果時間充足的話，請在前一天先用大量清水浸泡栗子。
- 製作明礬水。在調理盆中放入1ℓ的水和燒明礬，讓燒明礬溶解於水中（a）。

  ⇒若不使用燒明礬則可省略此步驟。
- 將乾燥梔子花果實放入裝茶葉用的網袋中，用擀麵棍等敲碎（b）。

剝除鬼皮

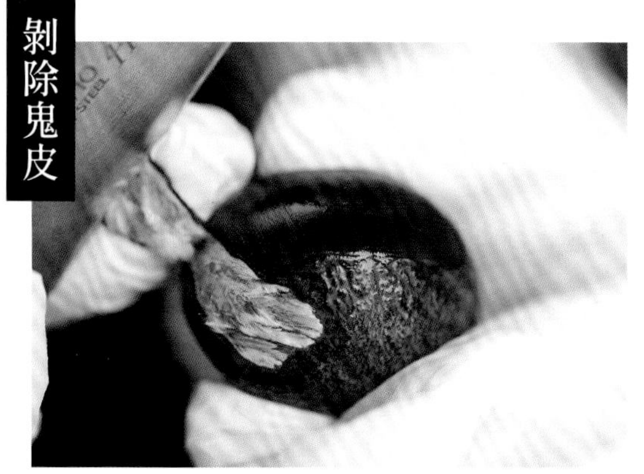

step 1

這裡請參考「栗子澀皮煮」的step1～3（p.13），用小刀剝掉溫熱栗子的鬼皮。將剝好的栗子放入裝滿溫水（約40℃）的調理盆中浸泡。

⇒也可以直接浸泡放置一晚。下一個步驟要剝除澀皮，所以沒將凹槽處的鬼皮清理乾淨也沒關係。

剝除澀皮

step 2

利用小刀將澀皮的褐色部分一點不留地厚厚削去一層。首先從栗子頂端開始繞一圈（左）削掉側邊的澀皮。接著從平坦的那一面由上往下（栗子的底部）削掉，剩下呈弧形的那一面也以相同方式削掉（右）。

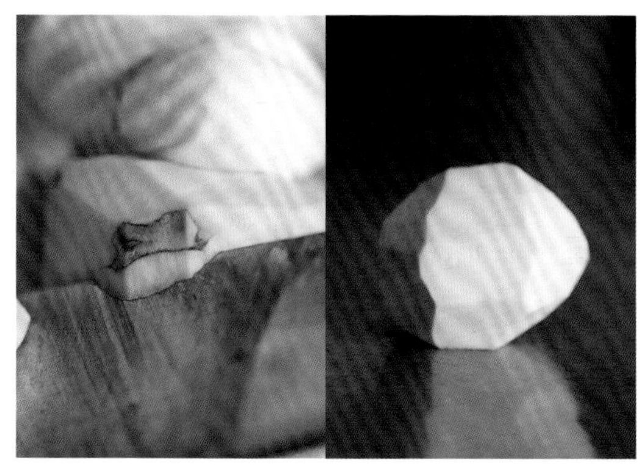

step 3

最後削掉剩下的澀皮或是帶有黑點的部分（左）。完全沒有澀皮殘留的栗子即完成（右）。

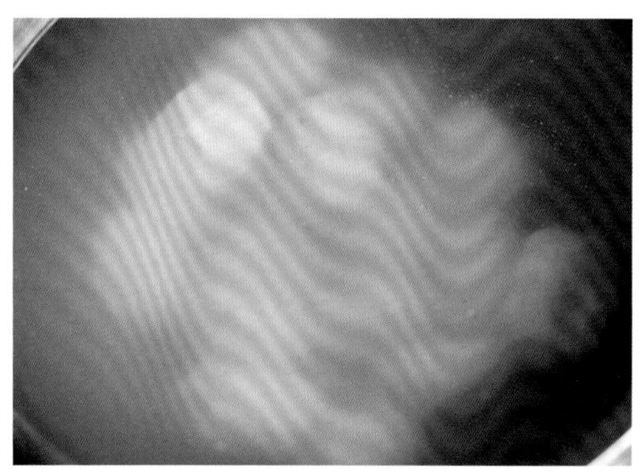

step 4

將栗子放進事先備好的明礬水中，浸泡2～3小時。

⇒如果不使用燒明礬，則是泡水放置2～3小時。

水煮

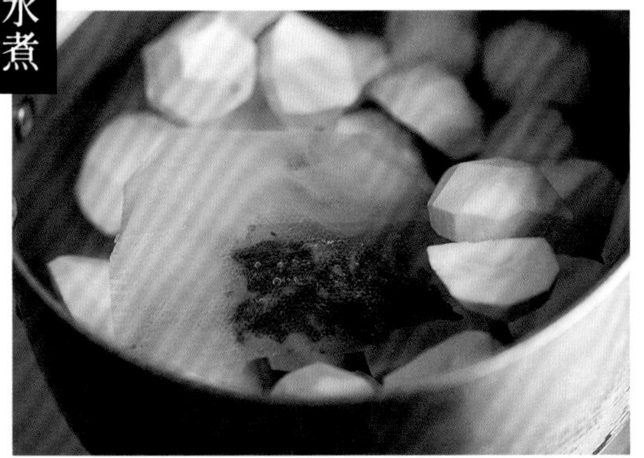

step 5

在鍋中放入洗好的栗子和大量的水，再放入準備好的乾燥梔子花果實，以較小的中火加熱至沸騰後轉小火，一邊觀察狀態一邊慢慢煮20～45分鐘，直到栗子變軟。

⇒因為栗子非常容易碎裂，所以要注意火侯並觀察狀態，不要煮過頭。如果栗子浸泡過明礬水，熬煮時間基本上都會較長。

step 6

栗子變軟至能夠用金屬籤等順利刺穿時就關火。

⇒因為竹籤較粗，可能會導致栗子碎裂。建議使用烘焙探針或較細的竹籤。

step 7

取出乾燥梔子花果實，將栗子置於室溫中冷卻。

step 8

將栗子一個一個輕輕沖洗乾淨。

step 9

在鍋中放入栗子和準備好的水400g。

加入細砂糖

step 10

準備水重量50～100％的細砂糖，先加一半到鍋子裡。

⇒細砂糖的使用量以水重量的50～100%為基準，依喜好加入即可。本書中是使用水分重量的65%。

熬煮

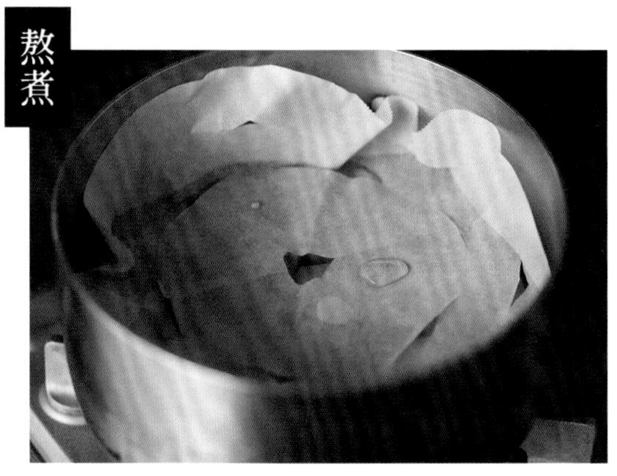

step 11　裁剪烘焙紙並剪出缺口，當作落蓋放入鍋中，開較小的中火加熱。煮至沸騰後，轉為小火再煮約10分鐘。接著加入剩下的細砂糖，一樣煮10分鐘後關火，直接浸泡放置一晚。

step 12　再次以較小的中火加熱，稍微煮沸後立刻關火，靜置冷卻。

保存

step 13　將栗子放入乾淨的玻璃瓶中，倒入煮好的糖漿直到蓋過栗子為止。

⇒如果會在10天內使用就冷藏保存。如果要長期保存的話，則在step12稍微煮沸後，趁熱放入煮沸消毒過的玻璃瓶並進行脫氧處理（參考下方說明），存放在陰涼處。

煮沸消毒和脫氧的方法

如果要長期保存製作完成的栗子食品，務必先將玻璃瓶和湯匙煮沸消毒，裝瓶後要進行脫氧處理。

[煮沸消毒]

1 在一個大鍋子的底部鋪上布巾或是廚房紙巾，將洗乾淨的玻璃瓶、瓶蓋、用來舀栗子的湯匙放入鍋中，加入能完全蓋過瓶子的水後，開中火加熱。

2 沸騰後，再繼續加熱1～2分鐘，用夾子等工具取出（小心別燙傷）。將所有物品倒放在乾淨的布巾或是廚房紙巾上，使其乾燥（a）。

[脫氧處理]

1 在大鍋子的底部鋪上布巾或是廚房紙巾，放入能浸泡到瓶子7分高度的水量，開中火加熱。

2 用湯匙將栗子裝到煮沸消毒過的玻璃瓶中約8～9分滿，再倒入糖漿蓋過栗子。

3 將瓶蓋完全蓋緊後，稍微扭開一點點，緩緩放入1的鍋子裡。煮至沸騰後，轉為小火再煮15分鐘。

4 將玻璃瓶從鍋中取出，用布巾等隔著並用力扭緊瓶蓋（小心別燙傷）。然後將玻璃瓶放回鍋中，以小火煮20分鐘，煮至沸騰就關火，直接置於鍋中冷卻（b）。如果水量在加熱時減少，要加入適當分量的熱水補足。

a

b

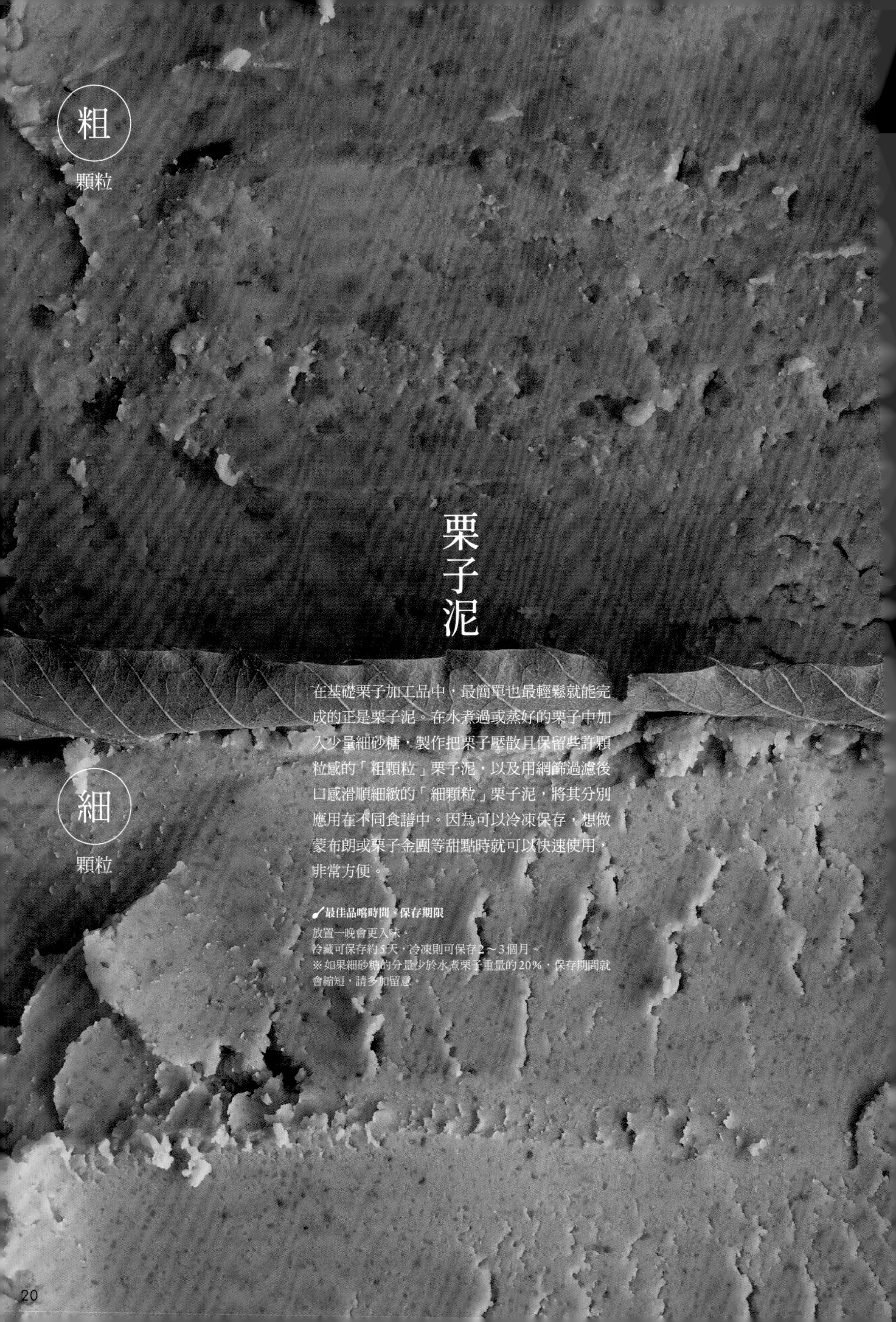

粗
顆粒

細
顆粒

栗子泥

在基礎栗子加工品中，最簡單也最輕鬆就能完成的正是栗子泥。在水煮過或蒸好的栗子中加入少量細砂糖，製作把栗子壓散且保留些許顆粒感的「粗顆粒」栗子泥，以及用網篩過濾後口感滑順細緻的「細顆粒」栗子泥，將其分別應用在不同食譜中。因為可以冷凍保存，想做蒙布朗或栗子金團等甜點時就可以快速使用，非常方便。

最佳品嚐時間、保存期限

放置一晚會更入味。
冷藏可保存約5天，冷凍則可保存2～3個月。
※如果細砂糖的分量少於水煮栗子重量的20%，保存期間就會縮短，請多加留意。

材料（粗顆粒、細顆粒皆適用／方便製作的分量*）

栗子 — 500g

細砂糖 — 將煮好的栗子取出後秤量重量，準備栗子重量20～30%的分量（本書中使用20%）

鹽 — 1小撮

*如果要同時製作2種栗子泥，請將材料分量乘以2倍，分別取500g的栗子製作。

事前準備

・如果時間充足的話，請在前一天先用大量清水浸泡栗子。

加熱栗子的方法

［**使用壓力鍋**］

將栗子泡水一晚，為了避免栗子裂開，先用小刀在頂部劃一道切口或十字切口。將栗子與蓋過栗子的水放入壓力鍋中加熱。一旦開始加壓即轉為小火，在加壓的狀態煮7分鐘，關火。放置一段時間讓鍋子洩壓後，取出栗子。

［**蒸煮**］

在冒出熱氣的蒸鍋中放入栗子，蒸煮50～60分鐘。加熱過程中如果熱水量減少，要適量補足。

水煮栗子

step 1

將栗子洗乾淨，在鍋中放入栗子和大量的水，開中火煮50～60分鐘。加熱過程中如果熱水量減少，要適量補足。

⇒加熱時間會因栗子的大小而有所不同，水煮一段時間後，可以先取出一個栗子剖半，確認是否煮熟。

取出栗子果肉

step 2

將栗子擦乾水分後，縱向剖半。

⇒在調理盤中鋪好廚房紙巾，每次從鍋中取出幾顆栗子放進調理盤，建議擦乾水分再切開栗子。

step 3

用湯匙趁熱挖出栗子的果肉（如果栗子上黏著澀皮的話，要先清除）。

step 4

將取出的栗子放入調理盆中秤量重量，準備栗子重量20～30%分量的細砂糖。

⇒因栗子具有一定的甜度，建議先在step6加入20%分量的細砂糖，試嚐味道後再做調整。

壓碎成帶顆粒的栗子

step 5　將step4的栗子用壓泥器壓碎至留下細小顆粒為止。

step 6　加入準備好的細砂糖（本書中使用栗子重量的20%）和鹽。

step 7　用橡皮刮刀混合攪拌，讓味道整體融合在一起。試嚐味道，如果覺得不夠甜的話，可以再加入細砂糖（最多加入栗子重量的10%）混拌，調整出自己喜歡的甜度。

step 8　將調理盆包上保鮮膜，放置15～30分鐘，讓味道充分融合。

⇒栗子會釋出水分讓整體變得濕潤。

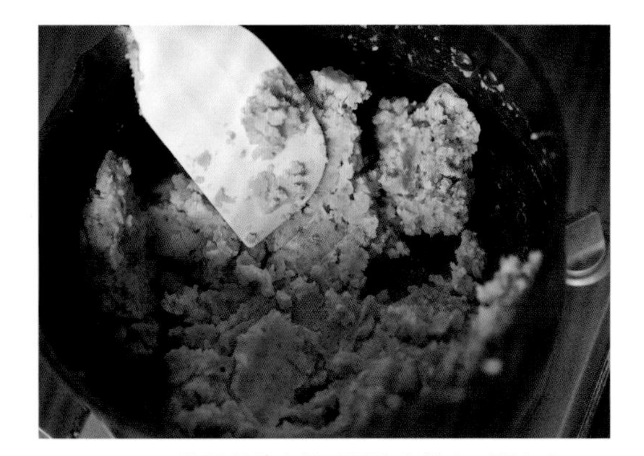

step 9　將調理盆中的栗子放入鍋中，開小火，一邊用橡皮刮刀混拌一邊加熱4～5分鐘。

⇒如果栗子釋出的水分不多，可以先加入1～2大匙的水再加熱，這樣會比較好混拌。

step 10　當鍋中的栗子變得濕潤且完全融合在一起時，粗顆粒栗子泥就完成了（細顆粒栗子泥請見step11）。

⇒透過開火加熱，細砂糖會溶解並滲透進栗子裡，另外也有殺菌效果。

過濾

step 11

趁著step10的栗子泥還溫熱時，先在網篩下方擺放好調理盤等容器，一次放上少許栗子泥，用木鏟按壓過濾。

⇒如果栗子泥涼掉了，就放入容器並包上保鮮膜，以微波爐（600W）加熱10～20秒後，再繼續過濾。

step 12

細顆粒栗子泥完成。

保存

step 13

將step10的粗顆粒栗子泥和step12的細顆粒栗子泥用刮板等工具分成一半，分別放到保鮮膜上。

step 14

按壓排出空氣後，將保鮮膜緊貼著栗子泥包起來並整平。

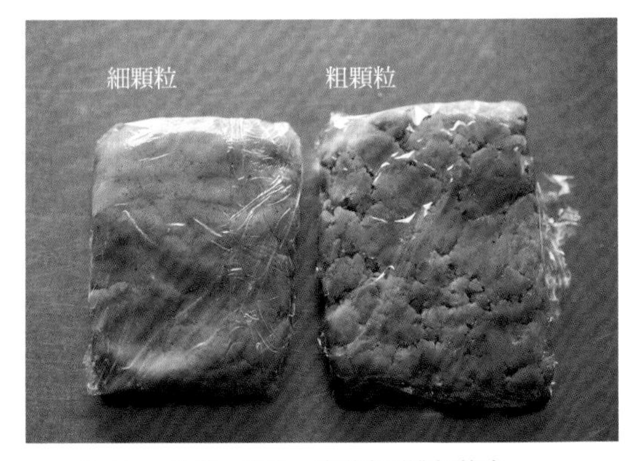

step 15

冷藏一晚後，味道會更濃郁美味。

⇒如果會在5天內使用就冷藏保存。如果要長期保存的話，則將用保鮮膜包好的栗子泥放入夾鏈袋中冷凍（要用的前一天再移至冷藏室解凍）。

栗子抹醬

既然名為「抹醬」
即表示質地鬆散柔軟，質感如地瓜一般。
不使用任何乳製品，
所以更能直接品嚐到栗子的風味。

材料（方便製作的分量）

水煮栗子（或蒸煮栗子／參考p.21的step1～3）
　—淨重200g
細砂糖—60～70g（本書中使用60g）
⇒首先加入60g試嚐味道，如果覺得不夠甜，
最多再加入10g，調整成喜歡的甜度。
水—100g
鹽—1小撮

作法

1 用壓泥器將水煮栗子壓碎。如果希望口感更加柔軟滑順，可以趁熱每次取少許放到下方墊著調理盤的網篩上，用木鏟按壓過濾。

2 在鍋中放入1、細砂糖、指定分量的水和鹽，開小火加熱，一邊加熱一邊以橡皮刮刀慢慢攪拌。煮到水分收乾且變得黏稠後關火，靜置冷卻。
⇒一旦冷卻就會變硬，建議在還能順暢攪拌、有些許流動感時先關火。
⇒如果會在1週內使用，就放入乾淨的保存容器中冷藏。
如果要長期保存的話，則一邊壓出空氣一邊用保鮮膜緊密貼合包起來，整平後放入夾鏈袋中冷凍。

最佳品嚐時間、保存期限
放置一晚會更入味。
冷藏可保存約1週，冷凍則可保存2～3個月。

栗子奶油

以水煮栗子為基底加入奶油製成。
非常適合搭配稍微烤過的吐司或長棍麵包，
抹在比較不甜的蘇打餅乾上，再搭配堅果或水果乾、
生火腿等，就是一道完美的下酒菜。

材料（方便製作的分量）

水煮栗子（或蒸煮栗子／參考p.21的step1～3）
　—淨重200g
細砂糖—30g
奶油—60g
水—100g
鹽—1小撮

作法

1 用壓泥器將水煮栗子壓碎。如果希望口感更加柔軟滑順，可以趁熱每次取少許放到下方墊著調理盤的網篩上，用木鏟按壓過濾。

2 在鍋中放入1、細砂糖、奶油、指定分量的水和鹽，開小火加熱，一邊加熱一邊以橡皮刮刀慢慢攪拌混合。煮到水分收乾且變得黏稠後關火，靜置冷卻。
⇒一旦冷卻就會變硬，建議在還能順暢攪拌、有些許流動感時先關火。
⇒如果會在1週內使用，就放入乾淨的保存容器中冷藏。
如果要長期保存的話，則一邊壓出空氣一邊用保鮮膜緊密貼合包起來，整平後放入夾鏈袋中冷凍。

最佳品嚐時間、保存期限
放置一晚會更入味。
冷藏可保存約1週，冷凍則可保存2～3個月。

和麵包一起享用的簡單食譜

首先將栗子奶油和栗子抹醬直接塗抹在麵包上享用吧！
其滋味會因搭配的麵包和食材而有所變化，
可以發現栗子的全新風味。

栗子抹醬烤吐司

讓吐司變得更濃厚美味！
加上大量奶油享用

取一片喜歡的吐司（厚片）烘烤之後，抹上約85g的栗子抹醬（p.24）並放上約10g的奶油。

栗子抹醬三明治

不加糖的鮮奶油
更能提引出栗子溫潤的甜味

取2片吐司（薄片）成一組，在其中一片抹上85g的栗子抹醬（p.24），另一片則抹上25g打發至硬挺的鮮奶油（無糖），夾起來做成三明治。用保鮮膜包好，放進冰箱冷藏約1小時後取出，撕下保鮮膜並切除吐司邊，切成自己喜歡的大小。

長棍麵包佐栗子奶油與生火腿

甜味和鹹味產生絕佳平衡！
最適合和紅酒一起享用

將長棍麵包切成1.5cm厚的片狀，稍微烤過。每片麵包抹上約15g的栗子奶油（p.24）。再分別放上適量的生火腿、2片康提起司薄片。建議使用風味濃郁且帶有強烈鮮味的伊比利豬或巴斯克豬生火腿。

Chapter 1

西式栗子甜點

散發著濃郁風味

利用全心全意完成的栗子澀皮煮、栗子甘露煮、栗子泥，
製作出點綴秋天的蛋糕、塔派、司康，以及冰淇淋等。
因為是以滋味細緻的和栗為主角，所以會使用
整顆栗子澀皮煮、栗子甘露煮，或擠出栗子泥當作裝飾，
重點是以簡單樸質的方式將和栗運用其中。
另一方面，如果是要放入加了奶油、滋味濃厚的麵糊中，
則會使用甜味和風味較強烈的市售歐洲栗子泥。
這個章節提供了許多能襯托和栗美味且外觀精美的栗子甜點食譜。

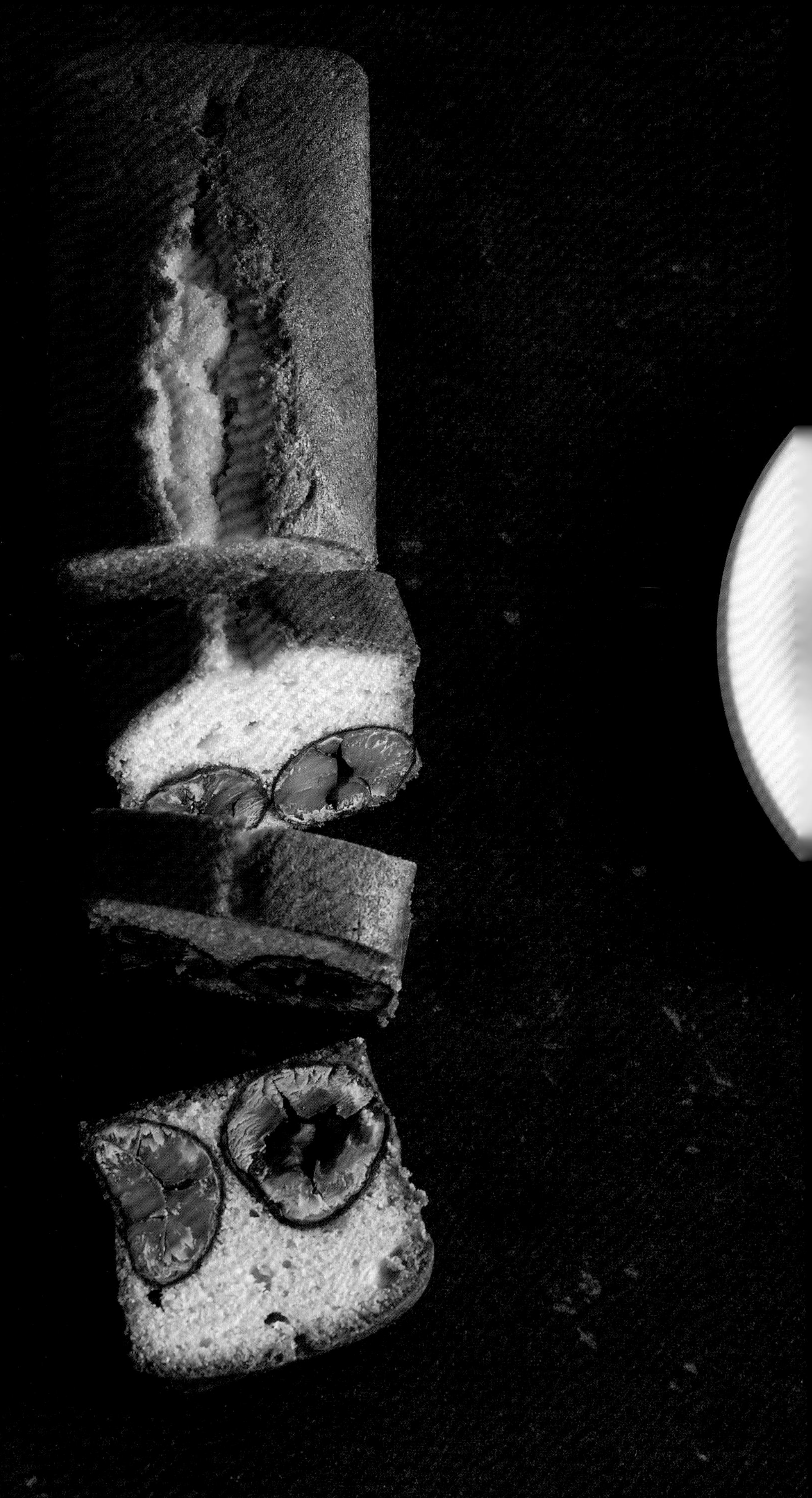

栗子蘭姆酒蛋糕

（作法請見第30頁）

栗子蘭姆酒蛋糕

使用和栗子非常對味的蘭姆酒
組合成香氣豐富濃郁的磅蛋糕。
因為放入大量大顆的栗子澀皮煮，
所以不管從哪下刀，切面都能看到栗子。

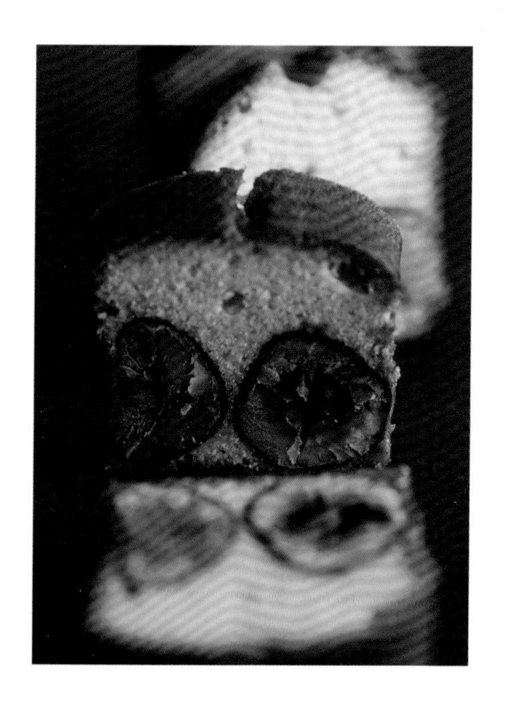

材料（18×7×高5.5cm的磅蛋糕模具1個份）
栗子澀皮煮（p.12）— 8個（220～240g）

[蛋糕麵糊]
奶油 — 65g
黍砂糖 — 55g
蜂蜜 — 6g
杏仁粉 — 15g
蛋液 — 65g
A ｜低筋麵粉 — 65g
　｜泡打粉 — 1.5g
蘭姆酒 — 5g

[酒糖液]
細砂糖 — 8g
水 — 10g
蘭姆酒 — 12g

事前準備
・用廚房紙巾將栗子澀皮煮的水分擦乾。
・將奶油和蛋液置於室溫回溫。
・用網目較大的網篩將杏仁粉過篩。
・將A混合後過篩。
・照著模具大小裁剪烘焙紙，高度要裁剪得比模具高約1.5cm。沿著模具形狀摺出摺痕，4個角的重疊處用剪刀剪開後鋪入模具內（a）。
・將烤盤放入烤箱中並預熱至170℃。

作法

1 製作蛋糕麵糊。在調理盆中放入奶油、黍砂糖，用手持式電動攪拌器攪打。一開始先用低速，待整體融合之後切換為高速，大約攪打2分鐘直到泛白。

2 依序加入蜂蜜、杏仁粉，每加入一項都要用手持式電動攪拌器以低速攪打至完全融合。

3 將蛋液分成5次加入。前4次在每次加入蛋液之後，都要用手持式電動攪拌器以高速攪打至麵糊變得柔滑為止。第4次攪打完成後，加入1/4的A並以低速混拌，加入剩下的蛋液後，以低速攪打均勻。

⇒先加入少許粉類讓麵糊的狀態安定，避免麵糊分離。

4 將剩下的A分成2次等量加入，每次加入後，都要用橡皮刮刀從調理盆底部將麵糊舀起翻拌，直到沒有粉類殘留為止。加入蘭姆酒後，也以相同方式翻拌至整體融合。

5 在磅蛋糕模具中倒入1/4的4，用橡皮刮刀整平表面（b）。

6 將栗子澀皮煮的頂部朝上，分成2列排放在5的麵糊上（c）。

7 倒入剩下的麵糊，用橡皮刮刀將麵糊整成中央凹陷、兩側堆高（d）。

8 放入預熱好的烤箱中烘烤45分鐘。

⇒用指腹輕輕按壓蛋糕體表面，如果回彈就代表烤好了。

9 製作酒糖液。取一小鍋放入細砂糖和指定分量的水，開小火加熱。細砂糖溶解即關火。稍微放涼後加入蘭姆酒。

10 8烤好後，立刻連同烘焙紙一起脫模，放在蛋糕冷卻架上並撕除烘焙紙。用刷子在蛋糕表面塗上9，大致冷卻後用保鮮膜包覆起來。

最佳品嚐時間、保存期限

放置半天到一天會更入味。
用保鮮膜包覆後置於室溫（天氣溫暖時請冷藏）可以保存約5天。

栗子和三盆糖蒙布朗

用和三盆糖製作的酥鬆蛋白餅、
奶香濃郁的鮮奶油、細緻高雅的和栗風味，
3種元素合體而成的蒙布朗。
請好好品嚐剛做好的蒙布朗
才有的口感與新鮮風味。

材料（6個份）

[和三盆糖蛋白餅] 20～24個份

蛋白 — 50g
和三盆糖A — 50g
和三盆糖B — 50g

⇒如果沒有和三盆糖，
可用細砂糖取代A、用糖粉取代B。

[栗子奶霜]

栗子泥（細顆粒／p.20） — 240g
牛奶 — 20～40g

⇒水分會因栗子泥的狀態而異，請一邊觀察一邊加入。

鮮奶油（乳脂肪含量約42%） — 130g
糖粉 — 適量

事前準備

・將蛋白置於冰箱冷藏。
・將和三盆糖A、B分別過篩。
・在烤盤上鋪烘焙紙。
・將烤箱預熱至120℃。

作法

1 製作和三盆糖蛋白餅。在調理盆中放入蛋白，用手持式電動攪拌器以低速攪打30秒，把蛋白打散。切換為高速繼續攪打，將和三盆糖A分成3次加入蛋白中，每次加入後都要將蛋白霜打發至能拉出挺立的尖角。

2 一次加入所有的和三盆糖B，用橡皮刮刀從調理盆底部舀起翻拌，攪拌至蛋白霜質地均勻為止。

3 將蛋白霜填入擠花袋（裝上直徑1cm的圓形花嘴）中，在鋪上烘焙紙的烤盤上以間隔2～3cm的距離擠出直徑約5cm的漩渦狀。

4 放入預熱好的烤箱中烘烤約80分鐘，冷卻後取6個備用。

⇒將剩下的蛋白餅搭配打發鮮奶油或香草冰淇淋，
再加上栗子抹醬（p.24）一起享用也很美味。
和乾燥劑一起放入密閉容器裡，可以置於室溫保存約1個月。

5 製作栗子奶霜。在調理盆中放入栗子泥和牛奶，用橡皮刮刀攪拌使其變軟至容易擠出的狀態。

⇒最初先加入20g牛奶拌勻，取少許放入擠花袋中試著擠擠看。
如果奶霜太硬不好操作，可以將牛奶分數次加入以調整軟硬度。

6 在調理盆中放入鮮奶油，下方墊著另一個裝有冰水的調理盆，用手持式電動攪拌器以高速攪打至能拉出挺立的尖角。

⇒如果鮮奶油的質地稀軟，組合蒙布朗時形狀會塌散，
所以要打發至硬挺。

7 將6個4的蛋白餅排列好（a），把6填入擠花袋（裝上直徑1.3cm的圓形花嘴）中，在蛋白餅上擠出如小山丘般圓圓高高的形狀（b）。

⇒在每個蛋白餅上擠出約4cm高的鮮奶油。

8 將5填入另一個擠花袋（裝上蒙布朗專用花嘴）中，以覆蓋住7的鮮奶油般一邊繞圈一邊擠出（c）。

⇒以每組擠上30～40g（約繞8圈）的栗子奶霜為基準。

9 用茶篩在表面撒上糖粉。

最佳品嚐時間、保存期限

蛋白餅很容易受潮，所以剛做好的時候最美味。
如果不打算立刻享用，請先放進保鮮盒冷藏，並在當天吃完。

a

b

c

栗子瑪德蓮

將經典的烘烤甜點瑪德蓮加以變化。
結合帶有類似黃豆粉香氣的栗子粉和擁有焦糖風味的焦香奶油，
創造出質樸且充滿深度的風味。

材料（瑪德蓮模具9個份）
栗子澀皮煮（p.12）— 60g

[麵糊]
蛋液 — 55g
黍砂糖 — 36g
蜂蜜 — 12g
栗子泥（市售品／參考p.95的25）— 20g
牛奶 — 10g
A | 低筋麵粉 — 50g
　栗子粉（市售品／參考p.95的24／或低筋麵粉）— 10g
　泡打粉 — 3g
蘭姆酒 — 2g
奶油 — 60g

事前準備
・用廚房紙巾將栗子澀皮煮的水分擦乾，以刀子切成1.5～2cm的小塊。
・將A混合後過篩。
・製作焦香奶油。將奶油放入鍋中，以中火一邊加熱一邊用打蛋器攪拌混合。沸騰後轉為小火，攪拌至奶油變成深褐色為止。離火後將鍋底部分泡水，靜置冷卻。
・用刷子沾取適量軟化的奶油（額外分量），在瑪德蓮模具的內側抹上薄薄一層。放進冰箱冷藏5～10分鐘，取出後撒上薄薄一層高筋麵粉（額外分量／可用低筋麵粉取代）。
・將烤盤放入烤箱中並預熱至200℃。

作法
1 製作麵糊。將蛋液和黍砂糖放進調理盆中，用打蛋器畫圓攪拌。
2 加入蜂蜜後，以相同方式混拌。
3 在另一個調理盆中放入栗子泥，用橡皮刮刀輕輕攪散。將牛奶分成4次加入，每次加入時都要攪拌均勻。
4 將3加入2中，用打蛋器畫圓攪拌。依序加入A和蘭姆酒，每加入一項都要以相同方式再次混拌均勻。
5 將焦香奶油重新加熱至40℃。讓奶油液呈細線般滴落並一點一點地加入4中，同時以打蛋器畫圓攪拌。
6 用橡皮刮刀把附著在調理盆上的麵糊清理乾淨並再次稍微攪拌，將麵糊倒入模具中（a）。
7 放入預熱好的烤箱中烘烤6分鐘後暫時取出，在麵糊上擺放栗子澀皮煮（b）。重新放回烤箱中，以200℃烘烤6～8分鐘。
⇒為了避免烤箱和麵糊降溫，這個步驟要快速進行。
8 烤好後，趁熱將瑪德蓮脫模，置於蛋糕冷卻架上放涼。

最佳品嚐時間、保存期限
比起剛出爐時，
完全冷卻的瑪德蓮風味更濃郁美味。
用保鮮膜包覆後置於室溫，可以保存約3天。

a

b

栗子蜂蜜蛋糕捲

（作法請見第38頁）

栗子蜂蜜蛋糕捲

充滿蜂蜜香氣且蓬鬆柔軟的蛋糕體，
讓人回想起卡斯提拉蛋糕的懷舊風味。
融合了栗子泥和栗子甘露煮，
帶來令人放鬆的和風滋味。

材料（27cm的方形蛋糕捲模具1個份）

栗子甘栗煮（p.16）— 50g

[蛋糕麵糊]

蛋黃 — 80g

蜂蜜 — 8g

蛋白 — 135g

上白糖 — 60g

低筋麵粉 — 45g

A | 奶油 — 15g
| 太白胡麻油 — 15g

[鮮奶油霜]

鮮奶油（乳脂肪含量約42%）— 150g

細砂糖 — 12g

[栗子鮮奶油霜]

栗子泥（細顆粒／p.20）— 50g

鮮奶油（乳脂肪含量約42%）— 10g

事前準備

- 用廚房紙巾擦掉栗子甘露煮的水分，切成1.5cm的小塊。
- 將低筋麵粉過篩。
- 將蛋白放進冰箱冷藏。
- 將A放進調理盆中，隔水加熱至60℃，使奶油完全溶化。
- 照著模具大小裁剪烘焙紙，高度要裁剪得比模具高約1cm。沿著模具形狀摺出摺痕，4個角的重疊處用剪刀剪開後鋪入模具內。
- 將烤盤放入烤箱中並預熱至190℃。

作法

1 製作蛋糕麵糊。在調理盆中放入蛋黃和蜂蜜，隔水加熱至約人體肌膚的溫度。

2 用手持式電動攪拌器以高速攪打約4分鐘，直到蛋黃液泛白且變得蓬鬆為止。

⇒攪打完畢後，拆下手持式電動攪拌器的攪拌頭，
用洗碗精等清潔劑洗淨並擦乾，繼續進行下一個步驟。

3 另取一個調理盆放入蛋白，用手持式電動攪拌器以低速攪打約30秒，把蛋白打散。接著切換為高速，分3次加入上白糖，每次加入後，都要將蛋白霜攪打至能拉出彎曲的尖角。

4 將1/5的3加入2中，用橡皮刮刀從調理盆底部往上翻拌，加入低筋麵粉後，也以相同方式攪拌至粉類完全融合為止。

5 將剩下的3用打蛋器攪拌至變得柔軟滑順。加入4後，用橡皮刮刀從調理盆底部往上舀起翻拌。

⇒蛋白霜稍微放置一下就會變得乾燥粗糙，
要用的時候先再次混拌，使其回復到柔軟滑順的狀態再加入。

6 用橡皮刮刀舀起一勺5加入A中，攪拌均勻後倒回5的調理盆中，用橡皮刮刀從調理盆底部往上舀起翻拌。

7 將6倒入模具中，用刮板整平表面。

8 放入預熱好的烤箱中烘烤14～15分鐘。

⇒用指腹輕輕按壓蛋糕體中央，
如果沒有凹陷且回彈就代表烤好了。

9 出爐後，立刻將模具從約10cm的高處摔到檯面上，一口氣排出所有熱空氣，接著將蛋糕體連同烘焙紙一起取出。為了避免表面乾燥，裁剪一張長寬皆比蛋糕體大的烘焙紙覆蓋在上面。

10 製作鮮奶油霜。在調理盆中放入鮮奶油和細砂糖，下方墊著另一個裝有冰水的調理盆，用手持式電動攪拌器以高速攪打，將鮮奶油霜打發至能拉出彎曲的尖角。

11 製作栗子鮮奶油霜。在另一個調理盆中放入栗子泥和鮮奶油，用橡皮刮刀充分攪拌均勻。

12 組合。在檯面上鋪放濕布巾，將9的蛋糕體連同蓋著的烘焙紙一起倒扣在濕布巾上。撕掉底部的烘焙紙，用抹刀將10均勻塗抹在整個蛋糕體的表面（a）。

⇒將蛋糕體倒扣在充分擰乾的濕布巾上，這樣在接下來
捲蛋糕體的步驟時，烘焙紙就不會滑動，會比較好操作。

13 將完成的11填入擠花袋（裝上直徑1.3cm的圓形花嘴）中，在12的蛋糕體靠近身體這一側，從距離邊緣4cm處橫向擠出一條（b）。接著在蛋糕體另一端距離邊緣6cm處，橫向排放栗子甘栗煮（c、d）。

14 將靠近身體這一側的烘焙紙往上提起後，往另一端捲起蛋糕體（e），捲好後調整形狀。用保鮮膜包起來放進冰箱冷藏約1小時。

15 從冰箱取出後撕掉保鮮膜，將蛋糕兩端的不平整處切除。

最佳品嚐時間、保存期限

當天製作的鮮奶油霜與蛋糕的風味最佳、最美味。
用保鮮膜包覆或放入密閉容器裡，
可以冷藏保存約2天。

栗子松露巧克力

使用一整顆栗子澀皮煮，
能品嚐到栗子原本滋味的奢華松露巧克力。
以事先用蘭姆酒或柑曼怡香橙甜酒等熬煮過的栗子澀皮煮製作，
就會變成更加高級的甜點。

材料（8個份）

栗子澀皮煮（p.12） — 8個

⇒使用以喜歡的洋酒事先熬煮過的栗子（參考p.15下方）。

苦味巧克力 — 100g

⇒使用法芙娜的 Caraque（可可脂含量56%／參考p.95的21）。
也可以使用不必調溫的即食巧克力，此時可省略下方的可可脂粉。

可可脂粉（參考p.95的19） — 1g

可可粉 — 50g

事前準備

・用廚房紙巾將栗子澀皮煮的水分擦乾。
・將可可粉撒在調理盤中。

作法

1 將苦味巧克力放入較小的調理盆中，隔水加熱至40～45℃，讓巧克力融化。

2 置於室溫降溫至34℃後，加入可可脂粉，用湯匙攪拌讓可可脂粉溶解。
⇒如果是使用即食巧克力，可以省略這項作業，
直接進行步驟3。

3 用竹籤戳進每一顆栗子澀皮煮的底部，放入2中轉幾圈，讓栗子整體都裹上巧克力（a）。
⇒進行此步驟時，如果巧克力因溫度下降而變硬，
就再次隔水加熱。注意不要讓巧克力超過36℃。

4 將3插在玻璃瓶或玻璃杯中，置於室溫下約20分鐘，直到巧克力凝固為止（b）。
⇒請選擇重心在底部且較重的容器，
以免栗子的重量讓容器倒下。

5 用吹風機的溫風（較弱的風量）輕吹巧克力表面使其融化（c），放入撒滿可可粉的調理盤中。拔掉竹籤，讓栗子巧克力在盤中滾動並裹上滿滿一層可可粉，最後放進冰箱冷藏。
⇒如果使用的吹風機風力較強的話，
要拉開吹風機和巧克力間的距離。

最佳品嚐時間、保存期限

剛從冰箱取出的巧克力較硬，
所以置於室溫約15分鐘再食用，口感會更好。
放入保鮮盒可以冷藏保存約1週。

a

b

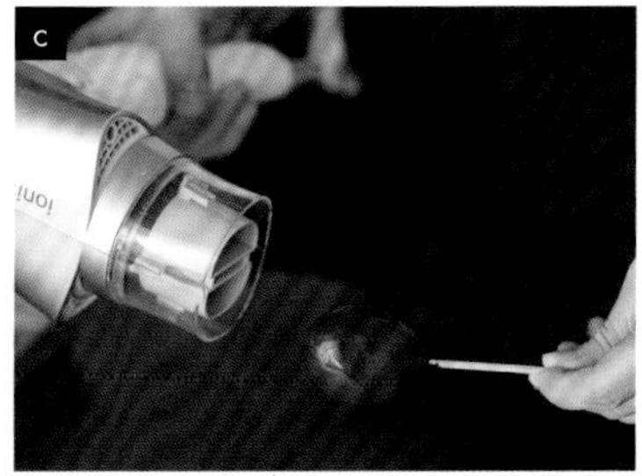
c

栗子巧克力蛋糕

在加入大量杏仁粉、
風味溫潤的巧克力蛋糕中添加栗子甘露煮。
濕潤濃郁的滋味
是最適合在秋冬品嚐的烘烤甜點。

材料（直徑15×高6cm的圓形模具1個份／底部不可分離）

栗子甘栗煮（p.16）— 8 ～ 10個

[蛋糕麵糊]

奶油 — 85g

細砂糖A — 25g

蛋黃 — 40g

杏仁粉 — 55g

苦味巧克力 — 85g

⇒使用法芙娜的Caraibe（可可脂含量66%）。

蛋白 — 70g

細砂糖B — 30g

低筋麵粉 — 28g

事前準備

- 用廚房紙巾擦掉栗子甘露煮的水分。
- 將奶油和蛋黃置於室溫回溫。
- 用網目較大的網篩將杏仁粉過篩。
- 將低筋麵粉過篩。
- 將苦味巧克力放入調理盆之後，隔水加熱至40 ～ 45℃，讓巧克力融化。
- 將蛋白置於冰箱冷藏。
- 裁剪鋪在模具底部和側面的烘焙紙。底部用的烘焙紙要剪成比模具直徑大1cm的圓形，並在周圍每隔1cm處剪出長1cm的切口。側面用的烘焙紙也要剪得比模具高約1cm。按照順序，先鋪底部的烘焙紙再鋪側面的烘焙紙。
- 將烤盤放入烤箱中並預熱至170℃。

作法

1. 製作蛋糕麵糊。將奶油放入調理盆中，用橡皮刮刀攪拌成柔軟滑順的乳霜狀。
2. 將細砂糖A分成2次加入奶油中，每次加入後，都要用打蛋器畫圓攪拌50次。
3. 將蛋黃分成2次加入並以相同方式攪拌。杏仁粉也分成2次加入，以相同方式攪拌。
4. 另取一個調理盆放入蛋白，用手持式電動攪拌器以低速攪打約30秒，把蛋白打散。加入細砂糖B之後切換到高速，將蛋白霜打發至能拉出彎曲的尖角。
5. 將苦味巧克力加入3中，用打蛋器攪拌至均勻混合為止。
6. 用橡皮刮刀舀起一勺4加入5中，用打蛋器畫圓攪拌後，從剩下的4取一半加入，用橡皮刮刀從調理盆底部往上舀起翻拌至整體均勻混合為止。
7. 加入低筋麵粉後，再次從調理盆底部往上舀起翻拌，加入剩下的4並繼續以相同方式攪拌。
8. 在模具中倒入約1/5的7，用橡皮刮刀稍微整平表面。排放上栗子甘露煮（a）。倒入剩下的7，用刮板整平表面（b）。
9. 放入預熱好的烤箱中烘烤30分鐘後，調降烤箱溫度至160℃，繼續烘烤12 ～ 15分鐘。
10. 先不脫模並置於蛋糕冷卻架上約10分鐘。大略降溫後，再脫模靜置冷卻。

最佳品嚐時間、保存期限

比起剛出爐時，完全冷卻後會更加美味。
當天製作的蛋糕擁有較強烈的巧克力風味，
隔天再品嚐會覺得杏仁味較濃郁。
用保鮮膜包覆後，可以冷藏保存約5天。
享用之前先置於室溫回溫。

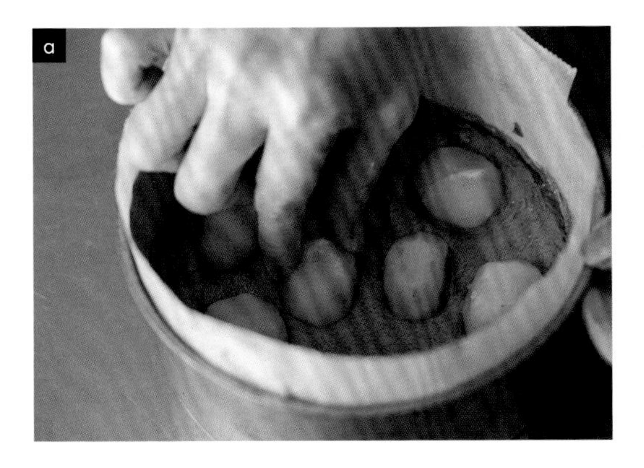
a

b

栗子榛果塔

（作法請見第46頁）

栗子黑醋栗維多利亞夾心蛋糕

（作法請見第48頁）

栗子榛果塔

榛果的風味和栗子非常對味，
尤其烘烤過後更能提引出香氣。
先將塔皮盲烤過，
就能做出酥脆輕盈的口感。

材料（直徑18cm的塔模1個份）

[塔皮麵團]
奶油 — 63g
糖粉 — 40g
杏仁粉 — 16g
蛋液 — 20g
A ｜低筋麵粉 — 105g
　｜泡打粉 — 0.5g

[杏仁奶油餡]
奶油 — 55g
糖粉 — 55g
B ｜杏仁粉 — 20g
　｜榛果粉 — 35g
蛋液 — 45g
低筋麵粉 — 8g

[配料]
栗子澀皮煮（p.12）— 約8個
榛果 — 12粒

事前準備

- 用廚房紙巾將栗子澀皮煮的水分擦乾。
- 將塔皮麵團和杏仁奶油餡用的奶油、蛋液分別置於室溫回溫。
- 將A混合後過篩。
- 將B混合後，以網目較大的網篩過篩。
- 將榛果放入160℃的烤箱中烘烤8～10分鐘，冷卻後去皮，取一半分量大略壓碎。
- 裁剪盲烤塔皮用的烘焙紙，先剪出直徑25cm的圓形，在周圍每隔3cm處剪出長3cm的切口。
- 將烤盤放入烤箱中並預熱至170℃。

作法

1 製作塔皮麵團。將奶油放入調理盆中，用木鏟攪拌至柔軟滑順為止。

2 將糖粉分成2次加入，每次加入後，都要用木鏟以畫出橫長橢圓形的方式攪拌30次。一次加入所有的杏仁粉，以相同方式攪拌。接著將蛋液分成2次加入，每次加入後也都以相同方式攪拌。

3 將A分成2次等量加入，每次加入後，都要用木鏟從調理盆底部舀起翻拌。大約混合好8成後換成刮板，從調理盆底部舀起翻拌至看不見粉類且麵團整體融合為止。

4 將麵團整成正方形後，用保鮮膜包起來，放進冰箱冷藏3小時～一整晚，使麵團鬆弛。

5 打開保鮮膜後，將麵團鬆鬆地重新包起來，隔著保鮮膜用擀麵棍在上方輕壓，一點一點地把麵團擀開。當厚度變成約1cm時，打開保鮮膜，在麵團上方鋪一層新的保鮮膜，將麵團夾在中間。在麵團兩側放上3mm厚的擀麵平衡尺，把麵團擀成圓形。讓麵團維持用保鮮膜上下夾住的狀態，放進冰箱冷藏20 ～ 30分鐘，使麵團鬆弛。

6 撕掉保鮮膜，將塔皮鋪進模具裡。用擀麵棍從上方滾過，切除溢出模具的塔皮，並用叉子在塔皮底部各處戳出小洞。

⇒進行到這個步驟時，如果塔皮變軟，
就再次包上保鮮膜放進冰箱冷藏約30分鐘。

7 將盲烤塔皮用的烘焙紙鋪在6上，擺放上壓派石（a）。

8 放入預熱好的烤箱中烘烤約15分鐘後先暫時取出，拿掉烘焙紙和壓派石並放回烤箱。烘烤約5分鐘直到塔皮表面稍微變乾，取出靜置冷卻。

9 製作杏仁奶油餡。在調理盆中放入奶油，用木鏟攪拌至質地均勻為止。

10 將糖粉分成2次加入，每次加入後，都要用木鏟以畫出大橢圓形的方式攪拌30次。將B分成2次加入，以相同方式混合攪拌。

11 將蛋液分成2次加入，每次加入後，都要以畫出大橢圓形的方式攪拌30次，讓蛋液充分融合。一次加入所有的低筋麵粉，以相同方式混拌。

⇒此時先將烤盤放入烤箱中，再次預熱至170℃。

12 將11填入8中，用刮板整平表面（b）。放上栗子澀皮煮後撒上榛果（整粒與壓碎的榛果都要撒上）（c）。

13 放入預熱好的烤箱中烘烤40 ～ 45分鐘。

⇒塔派中央也烤出香氣並上色時就代表烤好了。

14 先不脫模，置於蛋糕冷卻架上放涼，大致冷卻後再脫模。

最佳品嚐時間、保存期限

比起剛出爐時，大致冷卻後會更加美味。
因為塔皮很容易吸收濕氣，如果當天不打算享用的話，
請用保鮮膜包起來放入冰箱。
可以冷藏保存約2天。

a

b

c

栗子黑醋栗
維多利亞夾心蛋糕

用栗子和黑醋栗
重新詮釋英國的經典甜點。
在栗子溫和且圓潤的風味中，
黑醋栗的酸味成為絕佳的點綴。
是帶有深度且充滿秋天氣息的滋味。

材料（直徑15×高6cm的圓形模具1個份／底部不可分離）

[蛋糕麵糊]
蛋液 — 100g
黍砂糖 — 70g
A | 低筋麵粉（日清製粉／烘烤甜點專用 Ecriture麵粉）— 65g
　玉米澱粉 — 25g
　泡打粉 — 2g
　肉桂粉 — 0.5g
B | 栗子泥（市售品／參考p.95的25）— 25g
　牛奶 — 10g
C | 奶油 — 60g
　太白胡麻油 — 20g

[栗子鮮奶油霜]
栗子泥（市售品／參考p.95的25）— 35g
牛奶 — 10g
蘭姆酒 — 2g
鮮奶油（乳脂肪含量約42%）— 85g

[夾餡、配料]
栗子澀皮煮（p.12）— 50g
黑醋栗醬（作法請見P.49的memo／也可使用市售品）— 80g
糖粉 — 適量

事前準備

- 用廚房紙巾將栗子澀皮煮的水分擦乾，以刀子切成7mm的小塊。
- 將A混合後過篩。
- 在較小的調理盆中放入B的栗子泥，將牛奶分成2次等量加入，每次加入後，都要用橡皮刮刀攪拌混合均勻。
- 將C放入較小的調理盆中，隔水加熱至約60℃，讓奶油溶化。
- 用刷子沾取適量軟化的奶油（額外分量），在模具內側抹上薄薄一層，放進冰箱冷藏5～10分鐘後，撒上薄薄一層高筋麵粉（額外分量／可用低筋麵粉取代）。
- 將烤盤放入烤箱中並預熱至170℃。

作法

1. 製作蛋糕麵糊。在調理盆中放入蛋液、黍砂糖，一邊用橡皮刮刀攪拌一邊隔水加熱至約40℃。
2. 用手持式電動攪拌器以高速攪打約3分鐘，直到麵糊呈現黏稠柔滑狀態後，切換為低速攪打1分鐘，調整麵糊的質地。
3. 將A分成2次加入，每次加入後，都要用橡皮刮刀從調理盆底部往上舀起翻拌，直到沒有粉類殘留為止。
4. 用橡皮刮刀舀起一勺3加入B中，攪拌至柔軟滑順後，加入3的調理盆中，用橡皮刮刀從調理盆底部往上舀起翻拌約10次。
5. 取1/5的4加入C中，用打蛋器攪拌至柔軟滑順後，加入4的調理盆中。用橡皮刮刀從調理盆底部往上舀起翻拌20次後，倒入模具中。
6. 放入預熱好的烤箱中烘烤35～38分鐘。
   ⇒烘烤時蛋糕體會大幅膨脹，
   但烤好後會回縮成比模具略小一圈。
   要判斷是否烤熟，可用指腹輕輕按壓蛋糕體中央，
   如果沒有凹陷且回彈就代表烤好了。
7. 烤好之後立刻脫模，放在蛋糕冷卻架上大致放涼後，包覆保鮮膜放到完全冷卻。
8. 製作栗子鮮奶油霜。在較小的調理盆中放入栗子泥，將牛奶分成2次加入，每次加入後，都要用橡皮刮刀攪拌至變得柔軟滑順。加入蘭姆酒並攪拌至變得柔滑。加入鮮奶油後，在下方墊著另一個裝有冰水的調理盆，用手持式電動攪拌器以高速攪打，將鮮奶油打發至能拉出彎曲的尖角。
9. 撕掉7的保鮮膜後，橫向切成一半，用抹刀在下半部的蛋糕體切面抹上黑醋栗醬（a）。接著取一半8的栗子鮮奶油霜重疊抹上，將栗子澀皮煮鋪滿整個表面（b）。再抹上剩下的栗子鮮奶油霜（c），蓋上上半部的蛋糕體。
10. 用茶篩在表面撒上糖粉。

最佳品嚐時間、保存期限

比起剛出爐時，放置約2小時後，
蛋糕體和奶油霜會更加融合且美味。
用保鮮膜包覆後，可以冷藏保存約2天。

memo

黑醋栗醬的作法
（方便製作的分量）
將黑醋栗（整粒／冷凍）100g、細砂糖74g、檸檬汁8g放入鍋中以中火加熱。煮至沸騰後轉為小火，一邊攪拌一邊熬煮成略帶流動感的黏稠狀。放入乾淨的玻璃瓶中冷卻。冷藏可保存約2週。

a

b

c

栗子黑糖咖啡咕咕霍夫

在加了黑糖的醇厚蛋糕體中融入咖啡和蘭姆酒，
製作出香氣四溢的甜點。比起剛出爐時，
稍微放一段時間會更入味，也很推薦當成禮物送人。

材料（直徑15×高8cm的咕咕霍夫模具1個份）

栗子澀皮煮（p.12）— 約6個

[蛋糕麵糊]

奶油 — 80g

黑糖粉 — 72g

杏仁粉 — 20g

蛋液 — 80g

A | 低筋麵粉 — 80g
  | 泡打粉 — 2g

B | 蘭姆酒 — 7g
  | 即溶咖啡粉（可溶於冷水）— 1.5g

[酒糖液]

細砂糖 — 10g

水 — 10g

蘭姆酒 — 10g

[咖啡糖霜]

糖粉 — 50g

即溶咖啡粉（可溶於冷水）— 1g

水 — 10g

事前準備

- 用廚房紙巾將栗子澀皮煮的水分擦乾。
- 將奶油和蛋液置於室溫回溫。
- 用網目較大的網篩將杏仁粉過篩。
- 將A混合後過篩。
- 將B混拌至咖啡粉溶解。
- 用刷子沾取適量軟化的奶油（額外分量），在模具內側抹上薄薄一層，放進冰箱冷藏5～10分鐘後，撒上薄薄一層高筋麵粉（額外分量／可用低筋麵粉取代）。
- 將烤盤放入烤箱中並預熱至170℃。

作法

1. 製作蛋糕麵糊。在調理盆中放入奶油、黑糖粉，用手持式電動攪拌器攪打。一開始先用低速，待整體融合之後切換為高速，大約攪打2分鐘直到泛白。
2. 加入杏仁粉，用手持式電動攪拌器以低速攪拌至整體融合為止。
3. 將蛋液分成8次加入，前6次每次加入後，都要用手持式電動攪拌器以高速攪打至柔軟滑順。第7次加入攪打後，取1/4的A加入並以低速混拌，最後加入剩下的蛋液同樣以低速混拌。
   ⇒先加入少許粉類讓麵糊的狀態安定，避免麵糊分離。
4. 將剩下的A分成2次等量加入，每次加入後都要用橡皮刮刀從調理盆底部往上舀起翻拌，直到沒有粉類殘留為止。加入B，同樣拌至均勻融合。
5. 在模具中倒入1/3的4，用橡皮刮刀整平麵糊表面（a），將栗子澀皮煮的頂部朝下放入（b）。倒入剩下的4，將麵糊表面整成中央較低、周圍較高（c）。
6. 放入預熱好的烤箱中烘烤約45分鐘。
   ⇒用指腹輕輕按壓蛋糕體表面，如果回彈就代表烤好了。
7. 製作酒糖液。在小鍋中放入細砂糖和指定分量的水，開小火加熱。細砂糖溶解即關火。稍微放涼後加入蘭姆酒。
8. 6烤好後立刻脫模，放到蛋糕冷卻架上。用刷子在表面塗上7，大致放涼後，包覆保鮮膜放到完全冷卻。
9. 製作咖啡糖霜。在調理盆中放入糖粉、即溶咖啡粉，以及指定分量9成的水，用橡皮刮刀混合攪拌。一邊觀察糖霜的狀態一邊分數次加入剩下的水，攪拌至糖霜變得濃稠為止。
10. 進行最後裝飾。撕掉8的保鮮膜，用湯匙舀起9緩緩淋在蛋糕表面後，置於室溫讓糖霜乾燥。

最佳品嚐時間、保存期限

放置半天到一天會更入味。用保鮮膜包覆後置於室溫（天氣溫暖時請冷藏）可以保存約5天。

a

b

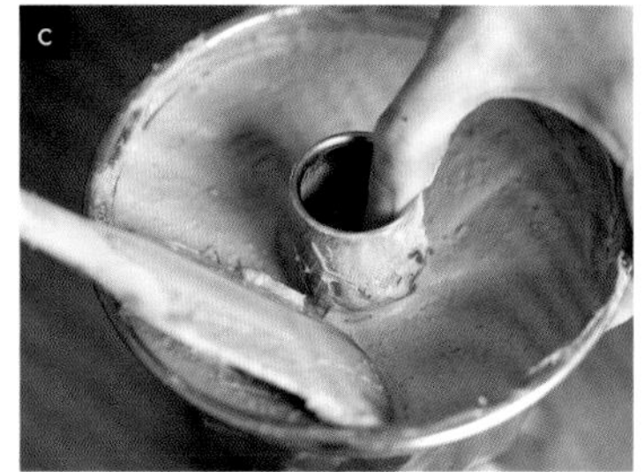

c

栗子派

放入一整顆栗子澀皮煮，
圓圓澎澎非常可愛的栗子派。
每塞一口進嘴裡都能享受到派皮的香氣
和栗子鬆鬆軟軟的口感。

材料（8個份／直徑6×高4.5cm的圓形塔模圈）
栗子澀皮煮（p.12）— 8個
冷凍派皮（市售品／參考p.95的22）— 2片

[杏仁奶油餡]
奶油 — 53g
糖粉 — 53g
杏仁粉 — 53g
蛋液 — 45g
低筋麵粉 — 7g

[糖霜] 方便製作的分量
糖粉 — 40g
水 — 6～7g

事前準備

・用廚房紙巾將栗子澀皮煮的水分擦乾。
・將冷凍派皮置於室溫5～10分鐘解凍。
・將奶油和蛋液置於室溫回溫。
・用網目較大的網篩將杏仁粉過篩。
・將低筋麵粉過篩。
・在烤盤上鋪烘焙紙。
・將烤箱預熱至200℃。

作法

1. 製作杏仁奶油餡。將奶油放入調理盆中，用木鏟攪拌至均勻柔軟為止。
2. 將糖粉分成2次加入，每次加入後，都要用木鏟以畫出橫長橢圓形的方式攪拌30次。將杏仁粉分成2次加入，以相同方式混合攪拌。將蛋液分成2次加入，每次加入後也都以相同方式混拌。
3. 一次加入所有的低筋麵粉，以相同方式攪拌。包覆保鮮膜後放進冰箱冷藏1～2小時。
4. 塑形。將冷凍派皮分別以擀麵棍擀成邊長20cm（約3mm厚）的正方形，各裁切成4等分（邊長10cm的正方形），共裁出8片。用刷子沾適量的水在派皮邊緣薄薄塗上一層。
5. 將3用橡皮刮刀稍微攪拌後，填入擠花袋（裝上直徑1cm的圓形花嘴）中，在4的每片派皮中央擠出均等的量（約25g），然後各放上1個栗子澀皮煮。
   ⇒也可以將3分別秤量出25g的量，用湯匙放到派皮中央。
6. 將派皮的4個角往上摺起固定在栗子上方（a），派皮重疊處用手指捏緊固定。收口處朝下，把4個角往內摺（b），放到烤盤上面並套上塔模圈（c）。
   ⇒也可以用直徑相同的馬芬模具或布丁杯來取代塔模圈。
7. 放入預熱好的烤箱中烘烤30分鐘後，調降烤箱溫度至190℃，繼續烘烤20分鐘。
8. 拿掉塔模圈，置於蛋糕冷卻架上降溫。
   ⇒如果是用馬芬模具或布丁杯烘烤，將模具倒扣取出栗子派時，可能會有高溫的油脂流出來，小心不要燙傷。
9. 製作糖霜。在較小的調理盆中放入糖粉與指定分量的水，用湯匙充分攪拌至變得柔軟滑順。
10. 用湯匙舀取9，讓糖霜細細滴落在8的表面畫出線條後，置於室溫讓糖霜乾燥。

最佳品嚐時間、保存期限
出爐後，剛放涼時最美味。放入保鮮盒等容器，可置於室溫保存約2天。享用之前先回烤一下。

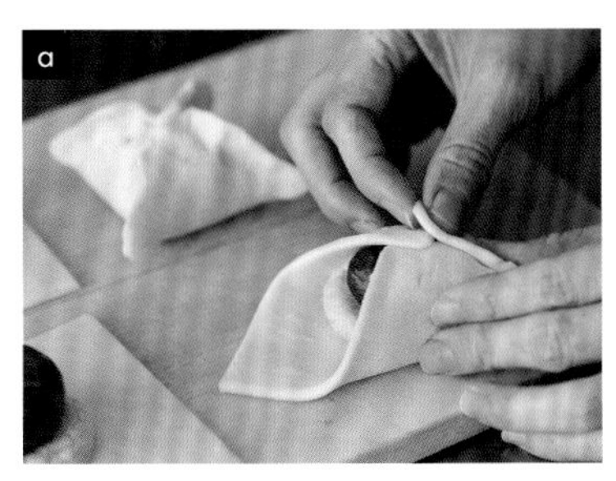
a

b

c

栗子巴斯克起司蛋糕

栗子溫和圓潤的風味
和奶油乳酪的微酸滋味讓人上癮。
因為活用了栗子泥中所含的砂糖，
所以製作時不須再加入其他甜味劑。

材料（直徑15×高6cm的圓形模具1個份／底部可分離）

栗子澀皮煮（p.12）— 6～8個

[蛋糕麵糊]

栗子泥（市售品／參考p.95的25）— 180g

蘭姆酒 — 10g

奶油乳酪 — 180g

蛋液 — 100g

鮮奶油（乳脂肪含量45％）— 180g

低筋麵粉 — 8g

事前準備

・用廚房紙巾將栗子澀皮煮的水分擦乾。

・將栗子泥、奶油乳酪、蛋液置於室溫回溫。

・將低筋麵粉過篩。

・將烘焙紙裁剪成30×35cm的大小，浸水濡濕後充分擰乾再攤開，鋪進模具裡（a）。

・將烤盤放入烤箱中並預熱至240℃。

作法

1 製作蛋糕麵糊。在調理盆中放入栗子泥和蘭姆酒，用木鏟攪拌至質地變得柔軟均勻。加入奶油乳酪，同樣攪拌均勻。

2 將蛋液分成2次加入，每次加入後都要用打蛋器畫圓攪拌混合。將鮮奶油分成2次加入，以相同方式攪拌混合。最後將低筋麵粉一次全部加入，以相同方式攪拌。

3 將2倒入模具至約1cm高，用橡皮刮刀整平表面後，排放上栗子澀皮煮（b）。倒入剩下的2，用橡皮刮刀整平表面。

4 將預熱好的烤箱降溫到230℃，放入烤箱中烘烤25～28分鐘。

5 不要脫模，置於蛋糕冷卻架上冷卻，在模具上方覆蓋廚房紙巾和保鮮膜後，套上橡皮筋固定，放入冰箱冷藏一晚。

⇒由於只覆蓋保鮮膜的話，蛋糕上會沾附水滴，因此要先蓋一層廚房紙巾。

6 脫模並撕除烘焙紙。

最佳品嚐時間、保存期限

比起出爐當天，放置一天後會更濃郁美味。用保鮮膜包覆後，可以冷藏保存約3天。

a

b

栗子焙茶磅蛋糕

（作法請見第58頁）

栗子咖啡奶油夾心餅

（作法請見第60頁）

栗子焙茶磅蛋糕

和栗鬆鬆軟軟的口感和焙茶芳香的風味，
製作出令人懷念且心靈平靜的美味。
藉由組合2種不同的麵糊，
充分享受口感和味道的變化。

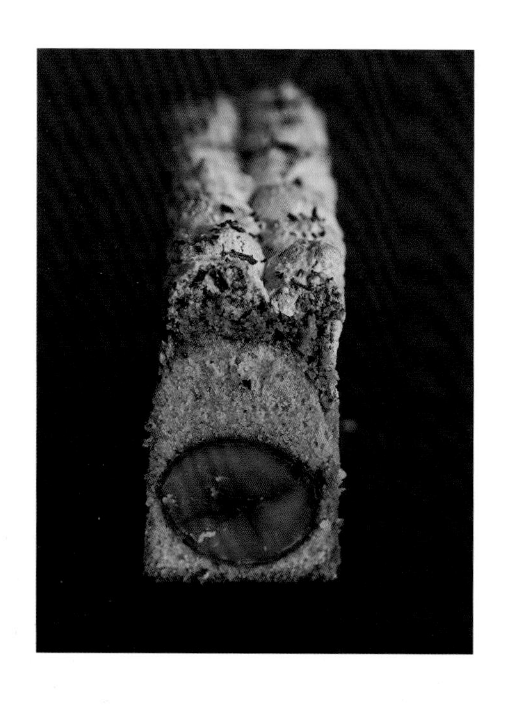

材料（約23×4.5×高6cm的細長型磅蛋糕模具1個份）
栗子澀皮煮（p.12）— 5～6個

[磅蛋糕麵糊]
栗子泥（市售品／參考p.95的25）— 40g
奶油 — 46g
細砂糖 — 43g
杏仁粉 — 8g
A　蛋液 — 20g
　　蛋黃 — 20g
蘭姆酒 — 6g
B　高筋麵粉 — 20g
　　玉米澱粉 — 20g
　　泡打粉 — 0.8g

[達克瓦茲麵糊]
蛋白 — 38g
細砂糖 — 20g
C　杏仁粉 — 33g
　　糖粉 — 17g
　　莖焙茶（僅選用茶葉莖部焙煎而成的焙茶）
　　　— 2g
　　⇒用研磨器磨成粉狀。

糖粉（最後裝飾用）— 適量
莖焙茶（最後裝飾用）— 適量
⇒用刀子切成比達克瓦茲麵糊使用的茶粉還要粗的顆粒。

事前準備
- 用廚房紙巾將栗子澀皮煮的水分擦乾。
- 將栗子泥、奶油置於室溫回溫。
- 將A放入調理盆中混合攪拌後，置於室溫回溫。
- 將B混合後過篩。
- 將蛋白放入冰箱冷藏。
- 將C混合後，用網目較大的網篩過篩。
- 照著模具大小裁剪烘焙紙，高度要裁剪得比模具高約1.5cm。沿著模具形狀摺出摺痕，4個角的重疊處用剪刀剪開後鋪入模具內。
- 將烤盤放入烤箱中並預熱至170℃。

作法

1 製作磅蛋糕麵糊。在調理盆中放入栗子泥，將奶油分成4次加入，每次加入後，都要用木鏟混合攪拌至質地均勻。

2 將細砂糖分成3次加入，每次加入後，都要用木鏟以畫出橫長橢圓形的方式攪拌30次。一次加入所有的杏仁粉，以相同方式攪拌。

3 將A分成4次加入，每次加入後，都要用木鏟攪拌至充分乳化為止。

⇒如果看起來快要油水分離了，就先加入少量的B，充分混合攪拌後再加入下一次的蛋液。

4 加入蘭姆酒混合攪拌。

5 將B分成2次加入，每次加入後，都要用木鏟從調理盆底部將麵糊翻拌至沒有粉類殘留為止。

6 將麵糊填入擠花袋（裝上直徑1cm的圓形花嘴）中，在模具底部擠出3條直線（a），接著讓栗子澀皮煮的側面朝上，橫向擺放在上面（b）。將剩下的麵糊擠在栗子上（c），用橡皮刮刀整平表面（d）。

7 製作達克瓦茲麵糊。將蛋白放入調理盆中，用手持式電動攪拌器以低速攪打30秒，把蛋白打散。切換為高速，將細砂糖分成3次加入，每次加入後都要將蛋白霜打發。加入第三次後，繼續攪打至可以將蛋白霜拉出挺立的尖角。

8 將C分成5次加入蛋白霜中，每次加入後，都要用橡皮刮刀從調理盆底部翻拌。

⇒翻拌混合至7～8成後，就可以再加入下一次。

9 在另一個擠花袋（裝上直徑1cm的圓形花嘴）中填入麵糊，在6上擠出3條直線。接著擠出約11個直徑2cm左右的圓球排成一列（e），再以相同方式擠出一列。

10 用茶篩分2次撒上最後裝飾用的糖粉（f），再於整體表面撒上最後裝飾用的莖焙茶。

11 放入預熱好的烤箱中烘烤42～45分鐘。

12 出爐後立刻連同烘焙紙一起脫模，置於蛋糕冷卻架上，撕除烘焙紙後放涼。

最佳品嚐時間、保存期限

比起出爐當天，放置一天後更能充分感受到杏仁的美味。
用保鮮膜包覆且置於室溫（天氣溫暖時請冷藏）
可以保存約5天。

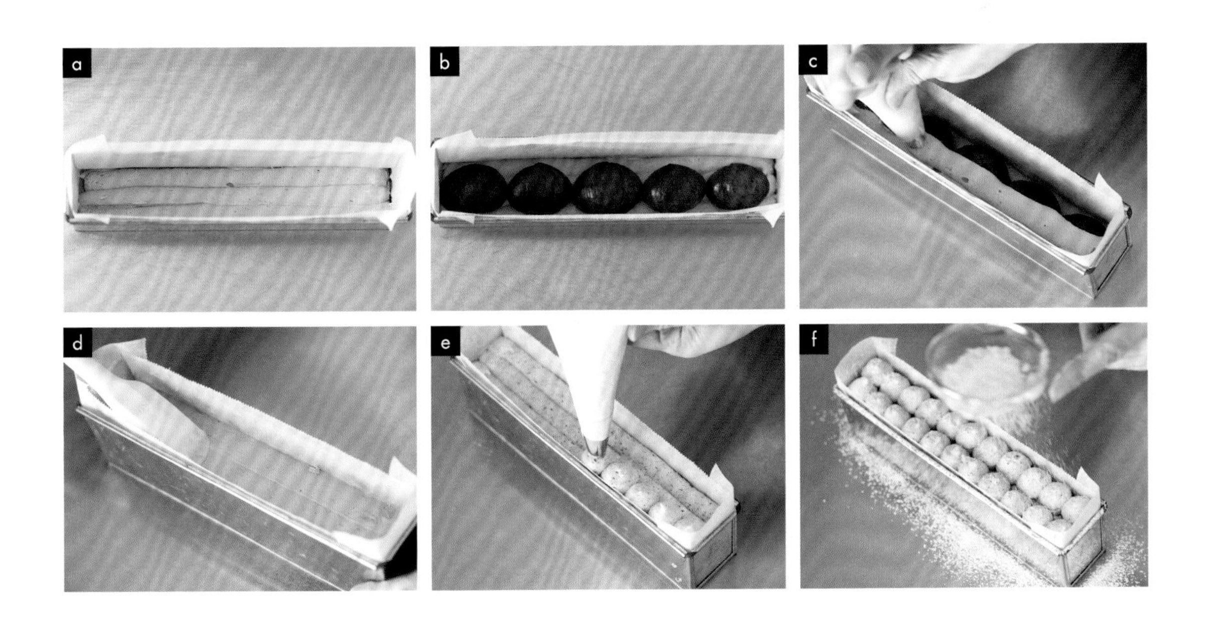

栗子咖啡奶油夾心餅

用咖啡風味的餅乾夾入栗子奶油霜
和栗子澀皮煮，做成夾心餅乾。
結合奶油的醇厚、栗子的甘甜、咖啡的微苦，
形成無與倫比的美味。

材料（直徑5.8cm的夾心餅乾10個份）
栗子澀皮煮（p.12）— 100g

[咖啡餅乾]
奶油 — 60g
A | 糖粉 — 45g
  | 鹽 — 0.4g
杏仁粉 — 12g
B | 蛋液 — 15g
  | 即溶咖啡粉（可溶於冷水）— 2.5g
低筋麵粉 — 110g

[栗子奶油霜]
栗子泥（市售品／參考p.95的25）— 90g
蘭姆酒 — 10g
奶油 — 180g

事前準備
- 用廚房紙巾將栗子澀皮煮的水分擦乾，以刀子切成約2×1cm的大小。
- 將製作咖啡餅乾和栗子奶油霜的奶油及栗子泥置於室溫回溫。
- 將A混合均勻。
- 將B混合攪拌至咖啡粉溶解。
- 將低筋麵粉過篩。
- 在烤盤上鋪烘焙紙。
- 將烤箱預熱至170℃。
- 準備2張栗子奶油霜用的烘焙紙（邊長30cm的方形）。

作法

1 製作咖啡餅乾。在調理盆中放入奶油，用木鏟混合攪拌至質地變得柔軟滑順。

2 將A分成2次加入，每次加入後，都要用木鏟以畫出橫長橢圓形的方式攪拌30次。一次加入所有的杏仁粉，以相同方式攪拌。將B分成2次加入，也以相同方式攪拌。

3 將低筋麵粉分成2次等量加入。每次加入後，都要用木鏟從調理盆底部翻拌。大約混合好8成後換成刮板，以從調理盆底部將麵糊翻起的方式翻拌，直到沒有粉類殘留、整體均勻混合為止。

4 將麵團整成方形後用保鮮膜包起來，放進冰箱冷藏鬆弛3小時～一整晚。

5 打開保鮮膜後，將麵團鬆鬆地重新包起來。隔著保鮮膜用擀麵棍在上方輕壓，一點一點地把麵團擀開。當厚度變成約1cm時，打開保鮮膜，在麵團上方鋪一層新的保鮮膜，將麵團夾在中間。在麵團兩側放上3mm厚的擀麵平衡尺，繼續把麵團擀開。讓麵團維持用保鮮膜上下夾住的狀態，放進冰箱冷藏約15分鐘，讓麵團鬆弛。

6 撕掉保鮮膜後，用直徑5.8cm的圓形模具壓出形狀，排放到烤盤上。將剩下的麵團集中成一團之後，用和5一樣的步驟擀開，再用圓形模具壓出形狀，排放在烤盤上。總共製作20片。

7 放入預熱好的烤箱中烘烤16～18分鐘，取出置於蛋糕冷卻架上冷卻。

8 製作栗子奶油霜。在調理盆中放入栗子泥和蘭姆酒，用木鏟混合攪拌至質地均勻。將奶油分成2次加入，每次加入後都要攪拌至均勻混合，最後加入栗子澀皮煮，也同樣攪拌均勻。

9 鋪一張栗子奶油霜用的烘焙紙，放上8，用橡皮刮刀整成正方形後（a）放上另一張烘焙紙，夾住奶油霜。在兩側放上1cm厚的擀麵平衡尺，把奶油霜擀開（b）。讓奶油霜維持用保鮮膜上下夾住的狀態，放進冰箱冷藏約1小時至凝固變硬。

10 在檯面上放10片7的餅乾與從冰箱取出的9，撕掉9上方的烘焙紙。

11 將直徑5.8cm的圓形模具泡在約50℃的溫水中，用廚房紙巾擦乾水分後，將10的奶油霜切壓出圓形（c）。將奶油霜連同模具放到餅乾上，輕輕脫模（d／奶油霜很容易崩散，請小心操作）。將剩下的奶油霜集中在一起後，以和9一樣的方式擀開，放進冰箱冷藏變硬後，再次用圓形模具壓出形狀並放到餅乾上。

12 將剩下的餅乾蓋在11上，做成夾心餅乾。

最佳品嚐時間、保存期限

剛出爐時，餅乾的口感酥脆且香氣四溢。
隨著時間經過，餅乾會因受潮而失去風味，所以建議當天享用。
如果不打算立刻享用，請以保鮮膜包覆後冷凍保存，
要食用的3～4小時之前置於冷藏室解凍。

栗子全麥司康

在加了全麥粉的自然風麵團中
混入大略切碎的栗子澀皮煮。
剛出爐時，能品嚐到烤栗子般的甜味。
和栗子抹醬、栗子奶油也是絕配。

材料（直徑5.8cm的圓形模具6個份＋較小的2個份）

栗子澀皮煮（p.12）— 80g

[麵團]

A｜低筋麵粉 — 120g
　｜高筋麵粉 — 60g
　｜全麥粉 — 30g
　｜泡打粉 — 8g

鹽 — 1小撮

奶油 — 55g

黍砂糖 — 30g

B｜牛奶 — 60g
　｜原味優格 — 30g

蛋液 — 適量

事前準備

- 用廚房紙巾將栗子澀皮煮的水分擦乾，以刀子切成1.5cm的小塊。
- 將A混合後過篩

  ⇒天氣溫暖時，粉類過篩後要放入冰箱冷藏。
- 將奶油切成1cm的小塊，放入冰箱冷藏。
- 將B混合後，放入冰箱冷藏。
- 在烤盤上鋪烘焙紙。
- 將烤箱預熱至190℃。

作法

1. 將A、鹽和奶油放入調理盆中，用刮板切拌。切碎奶油後，用手掌將整體搓揉混合。搓成粉狀後加入黍砂糖，快速混合攪拌。

   ⇒為了避免手的溫度使奶油融化，要快速操作。
2. 加入B，用橡皮刮刀以切拌的方式混合。大約混合好8成後，加入栗子澀皮煮繼續混拌，將麵團整成一團。

   ⇒在這個步驟中，不過度混拌是烤出鬆軟司康的祕訣。
3. 在檯面上撒適量（額外分量）的手粉（高筋麵粉），放上2，將麵團整成長方形並用手輕壓，以刮板切成一半後疊在一起。
4. 再次用手從上方輕壓麵團，同樣以刮板切成一半後重疊（a）。

   ⇒如果麵團鬆散無法聚攏成團的話，就再重複一次這個步驟。
5. 用擀麵棍將麵團擀成厚2cm、邊長約14cm的正方形。在直徑5.8cm的圓形模具上撒適量（額外分量）的手粉（高筋麵粉），將麵團壓切出4個圓形（b）放到烤盤上。

   ⇒在模具內外側都撒上手粉就能將麵團漂亮地脫模。
6. 將剩下的麵團集中成一團，盡量不要用手揉壓，擀成能夠用步驟5中的模具壓切出2個圓形的大小，然後壓出2個圓形。將剩下的麵團切成2等分，捲成漩渦狀後，全部放到烤盤上（c）。
7. 用刷子沾取蛋液塗在麵團上，放入預熱好的烤箱中烘烤約20分鐘。
8. 出爐後，置於蛋糕冷卻架上放涼。

最佳品嚐時間、保存期限

出爐後，稍微放涼時最美味。
隨著時間經過，司康會變得不再鬆軟，所以建議當天享用。
用保鮮膜包覆後，置於室溫可以保存約2天。
享用之前先回烤一下。

a

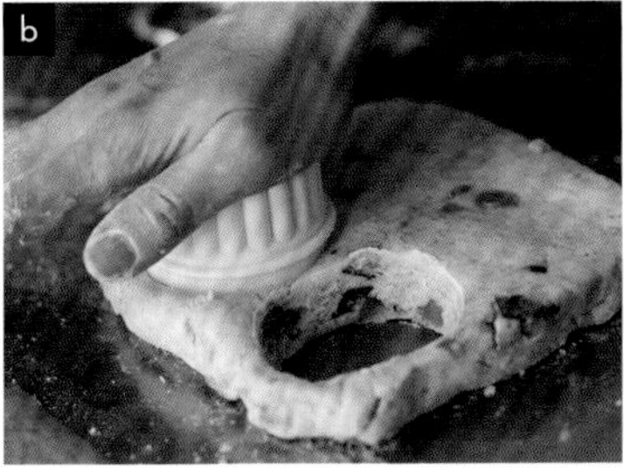
b

c

栗子香緹鮮奶油杯

這是一道能盡情享受和栗風味的甜點。
需要的材料不多且簡單，成品卻優雅又美味。
也可以依喜好在鮮奶油中加入蘭姆酒或白蘭地。

材料（約160mℓ的玻璃杯1個份）
栗子泥（粗顆粒或細顆粒皆可／p.20）— 50g
鮮奶油（乳脂肪含量約42%）— 60g

作法

1 將栗子泥用網目較大的網篩過濾（a）。
⇒過篩後的栗子泥，在裝入杯子時能呈現出蓬鬆感。

2 將鮮奶油放入調理盆中，下方墊著另一個裝有冰水的調理盆，用手持式電動攪拌器以高速攪打，打發至提起攪拌頭時，鮮奶油會緩緩掉落的蓬軟狀態。

3 用湯匙舀起2裝入杯中至約8分滿，輕輕用湯匙整平表面（b）。

4 用湯匙舀起1，輕輕放在鮮奶油上，小心不要壓碎（c）。

5 用湯匙舀起剩下的鮮奶油，堆疊成圓圓一球。

最佳品嚐時間、保存期限
因為風味很容易消散，所以剛做好時最好吃。
如果要放置一段時間，請覆蓋上保鮮膜冷藏，並在當天內享用。

a

b

c

2種栗子冰淇淋

洋栗冰淇淋（左）／和栗冰淇淋（右）

為了能夠分別活用洋栗的濃郁風味以及和栗的溫和風味，
這道甜點採用了極為簡單的配方。
冷凍過久就會變硬，享用之前先放到冷藏室並重新攪拌混合，
便能恢復恰當的口感，享用美味的冰淇淋。

材料（方便製作的分量）

●洋栗冰淇淋

牛奶 — 200g
水麥芽 — 20g
蛋黃 — 50g
細砂糖 — 15g
栗子泥（市售品／參考p.95的25） — 80g
蘭姆酒 — 8g
鮮奶油（乳脂肪含量45%） — 80g

●和栗冰淇淋

牛奶 — 200g
水麥芽 — 20g
蛋黃 — 50g
細砂糖 — 30g
栗子泥（粗顆粒或細顆粒皆可／ p.20） — 80g
鮮奶油（乳脂肪含量45%） — 80g

事前準備（2種冰淇淋的準備事項相同）

・在調理盆中放入鮮奶油，下方墊著裝有冰水的調理盆，用手持式電動攪拌器以高速攪打，將鮮奶油打發至能拉出彎曲的尖角，放進冰箱冷藏。

作法（2種冰淇淋的作法相同）

1 在鍋中放入牛奶和水麥芽後開火，用橡皮刮刀一邊攪拌一邊加熱。鍋邊開始出現小泡泡時關火。

2 在調理盆中放入蛋黃和細砂糖，用打蛋器混合攪拌1～2分鐘。

3 將1一點一點地加入調理盆中，同時以打蛋器混拌均勻。

4 倒回1的鍋中，用橡皮刮刀一邊攪拌，一邊以小火加熱至約83℃且變成黏稠狀。趁熱過濾進調理盆中。

5 取另外一個調理盆放入栗子泥，將4分成數次加入，每次加入後，都要用打蛋器攪拌至變得柔軟滑順。
⇒也可以一次加入全部的4，
用調理棒等攪打至變得柔軟滑順。

6 在下方墊著另一個裝有冰水的調理盆，一邊降溫一邊用打蛋器攪拌混合。如果是製作洋栗冰淇淋的話，請在這個步驟加入蘭姆酒攪拌。

7 從冰箱拿出準備好的鮮奶油，取1/5的6加入並用打蛋器攪拌混合。待整體完全融合後加入剩下的6，以相同方式攪拌。

8 裝入保存容器中，置於冷凍庫冷卻凝固3小時。暫時取出用湯匙將整體混拌。再次放入冷凍庫冷卻凝固，每隔1～2小時就要取出以相同方式混拌。不斷重複操作直到產生黏性且凝固為止（以3～4次為基準）。
⇒如果凝固成非常硬的狀態，可以從容器中取出並切成適當的大小，然後用食物調理機攪拌，這樣就會變得柔軟滑順。

最佳品嚐時間、保存期限

帶有黏性且已凝固的狀態最是美味。放入保存容器可以冷凍約2週。享用之前先放到冷藏室約30分鐘並重新攪拌一下，就能達到恰到好處的軟硬度。

享受
西式與日式
栗子芭菲

將各種狀態的栗子
盛放在一起

栗子黑醋栗芭菲

（作法請見第70頁）

風味濃郁的洋栗搭配
帶有華麗酸味的黑醋栗。
再加上餅乾和榛果，
脆硬的口感為芭菲更添亮點。

栗子焙茶芭菲（作法請見第70頁）

以栗子和非常適合搭配栗子的焙茶
組合而成的日式風味芭菲。
充滿香氣的焙茶凍是使用
栗子澀皮煮的糖漿製作而成。

栗子黑醋栗芭菲

1人份（150mℓ的玻璃杯1個份）

【組裝】

在玻璃杯底部放入黑醋栗醬，用湯匙舀取黑醋栗冰淇淋放在上面。填入海綿蛋糕後，用湯匙舀取鮮奶油放在蛋糕上，撒上榛果和切成小塊的栗子澀皮煮。將栗子泥以畫圓方式擠上2圈後，用湯匙舀取洋栗冰淇淋高高地堆疊上去。最後插入餅乾並放上切成一半的栗子澀皮煮。

洋栗冰淇淋（p.66）— 適量

餅乾（市售品）— 1片

栗子澀皮煮（p.12）— 1個
⇒切成一半，每一半再切成3～4等分。

栗子泥（細顆粒／p.20）— 約30g
⇒加入少許牛奶攪拌，調整成容易擠出的軟硬度，填入裝上蒙布朗專用花嘴的擠花袋中擠出。

榛果 — 3～4粒
⇒放入170℃的烤箱中烘烤12分鐘，冷卻後去皮。

鮮奶油 — 約20g
⇒將鮮奶油用打蛋器打發至可以拉出彎曲的尖角。

海綿蛋糕（市售品）— 適量
⇒配合玻璃杯的內徑切成大小適當的圓形。

黑醋栗冰淇淋 — 適量
⇒在市售香草冰淇淋中加入適量p.49 memo的黑醋栗醬，混合攪拌。

黑醋栗醬（參考p.49的memo）— 適量

栗子焙茶芭菲

1人份（150mℓ的玻璃杯1個份）

【組裝】

用湯匙舀取焙茶凍放入玻璃杯底部，再用湯匙舀取鮮奶油放在上面。撒上切成2～3等分的栗子甘露煮，放上海綿蛋糕後，用湯匙舀取碎碎的栗子泥鬆鬆地放在上方。用冰淇淋勺挖取和栗冰淇淋放在栗子泥上，最後擺上栗子甘露煮和威化餅乾當作頂部裝飾。

memo

焙茶凍的作法（方便製作的分量）
在鍋中放入200g栗子澀皮煮（p.12）的糖漿和100g的水，開火加熱。沸騰後關火，加入10g莖焙茶輕輕攪拌，蓋上鍋蓋燜3分鐘。用茶篩過濾到調理盆中並秤量重量，如果未達300g就加水補足。重新倒回鍋中，加熱至稍微沸騰後關火，加入3g吉利丁粉（選用可直接溶於熱水的產品），用橡皮刮刀攪拌使其溶解。倒入容器後置於室溫冷卻，然後放入冰箱冷藏3小時以上。

威化餅乾（市售品）— 1片

栗子甘露煮（p.16）— 1個

和栗冰淇淋（p.66）— 適量

碎栗子泥 — 30～50g
⇒將p.20的栗子泥（粗顆粒或細顆粒皆可）用網目較大的網篩過濾。

海綿蛋糕（市售品）— 適量
⇒切成方便食用的大小。

栗子甘露煮（p.16）— 2個
⇒分別切成2～3等分。

鮮奶油 — 約20g
⇒將鮮奶油用打蛋器打發至可以拉出彎曲的尖角。

焙茶凍（參考左邊的memo）— 約50g
⇒用湯匙舀取後放入。

Chapter 2

日式栗子甜點

溫和且樸質的滋味

不使用奶油等乳製品的日式甜點，
能將風味細緻的和栗提引出極致美味。
在這個章節中會為大家介紹不用花時間製作
繁瑣耗時的紅豆餡、一般家庭也能輕鬆完成的食譜。
栗子甘露煮鮮豔的黃色令人耳目一新，
而栗子泥淡淡的褐色則帶來秋天沉穩寧靜的氣息。
正因為有日式栗子甜點，才能欣賞到和風色彩之美。

栗子抹茶浮島蒸糕

（作法請見第74頁）

栗子抹茶浮島蒸糕

用白豆沙餡和蛋白霜製作出海綿蛋糕般的日式甜點。
濕潤輕盈的口感相當適合配茶享用。
將原味和抹茶2種麵糊重疊，
創造出配色也很賞心悅目的甜點。

材料（14×11cm的羊羹模具*1個份）

栗子甘栗煮（p.16）— 100g
白豆沙餡（市售品／參考p.95的23）— 160g
蛋黃 — 30g
A ｜上新粉 — 8g
　｜低筋麵粉 — 4g
B ｜上新粉 — 6g
　｜低筋麵粉 — 4g
　｜抹茶粉 — 2g
蛋白 — 55g
上白糖 — 25g
*也可以用大小相同且耐高溫的調理盤或保鮮盒代替。

事前準備

・用廚房紙巾擦掉栗子甘露煮的水分，以刀子切成約2×1.5cm的塊狀。
・照著模具大小裁剪烘焙紙，高度要裁剪得比模具高約1cm。沿著模具形狀摺出摺痕，4個角的重疊處用剪刀剪開，鋪入放有底板的模具內。
・在蒸鍋中裝水，蓋上用布巾包起來的蓋子後開始加熱（a）。

作法

1 在調理盆中放入白豆沙餡和蛋黃，用橡皮刮刀混合攪拌。
2 分成2等分（每份95g），分別放入不同的調理盆中。在其中一個調理盆中加入A，用橡皮刮刀混合攪拌（原味麵糊）。在另一個調理盆中放入1小匙水混拌，加入B後繼續攪拌（抹茶麵糊）。
⇒因為抹茶粉的吸水率較高，麵糊容易變硬，
所以要加入少量的水。
3 另取一個調理盆放入蛋白，用手持式電動攪拌器以低速攪打約30秒，把蛋白打散。切換為高速之後加入上白糖，將蛋白霜打發至能拉出彎曲的尖角。
⇒打發過頭的話，蛋白霜的質地會變得粗糙，須多加留意。
4 將3分成2等分，在2的A、B調理盆中分別分成2次加入，每次加入後，都要用橡皮刮刀從調理盆底部往上舀起翻拌，混拌至蛋白霜完全融入消失為止。
⇒蛋白霜稍微放置一下就會變得乾燥粗糙，
要用的時候先再次混拌，使其回復到柔軟滑順的狀態再加入。
5 在模具中倒入B的抹茶麵糊後，用刮板整平表面（b），排放上栗子甘露煮（c）。
6 從上方倒入A的原味麵糊，以相同方式整平表面（d）。
7 放入開始冒出熱氣的蒸鍋中（e），一開始先將鍋蓋稍微錯開蒸10分鐘，然後把鍋蓋完全蓋上，用較小的中火蒸25分鐘。
8 連同烘焙紙一起脫模，為了避免變得乾燥，要蓋上充分擰乾的濕布巾放涼（f）。完全冷卻後撕除烘焙紙，切掉邊緣不平整處，再切分為12等分（邊長約為2.5×4cm）。

最佳品嚐時間、保存期限

出爐當天最是美味。因為抹茶粉很容易褪色，
如果不打算立刻享用的話，請先用保鮮膜包覆，
再包上一層鋁箔紙，然後放入冰箱。
冷藏可以保存約4天。享用之前先置於室溫回溫。

2種栗子銅鑼燒

顆粒紅豆餡＆栗子甘露煮（上）／栗子豆沙餡＆栗子澀皮煮（下）

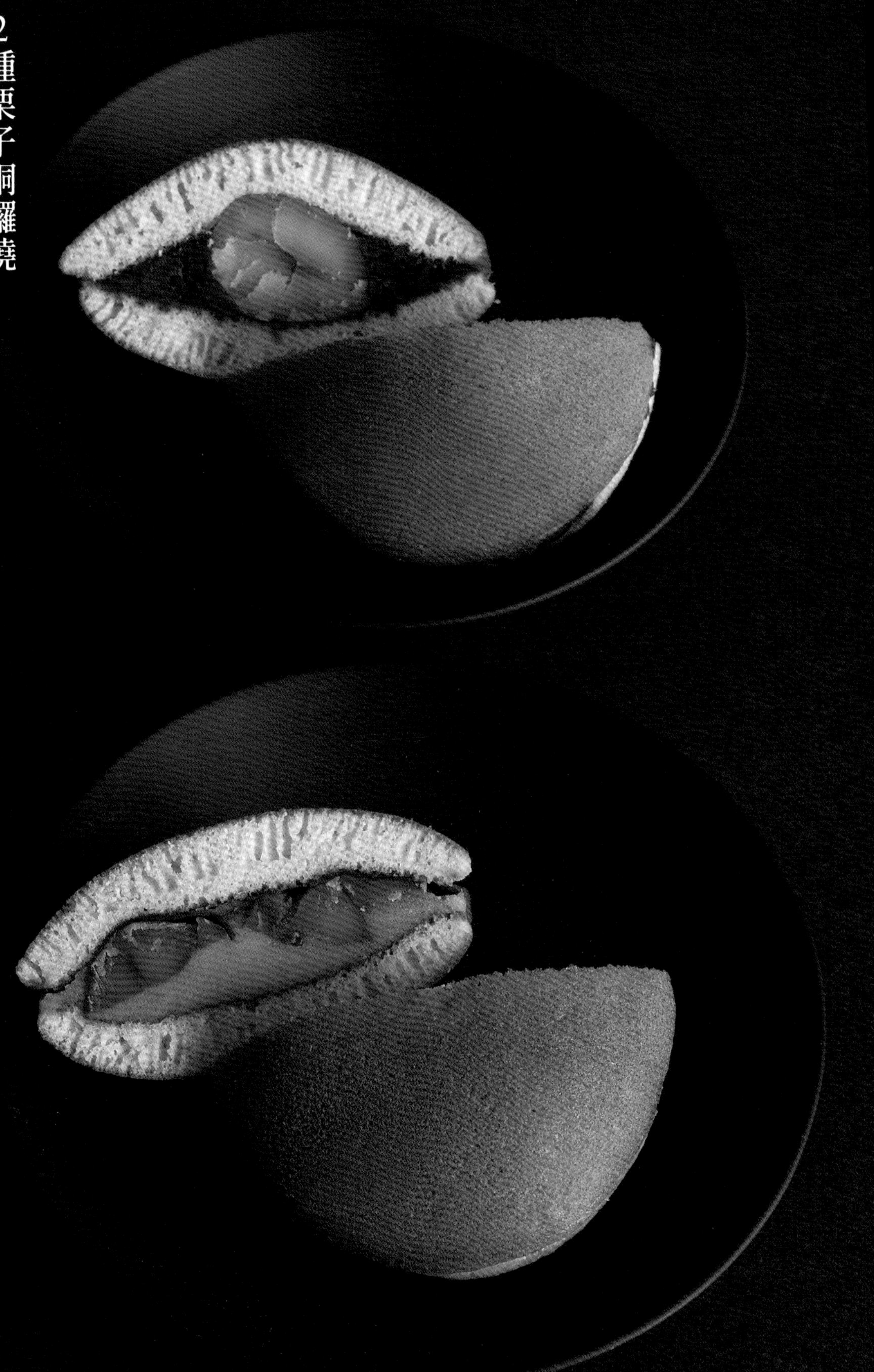

經典的日式點心銅鑼燒也是一旦夾入栗子，
就能立刻營造出秋天到來的熱鬧氣氛。
製作餅皮時，只須將麵糊從高一點的位置
倒入平底鍋中，便能自然而然地形成圓形。

材料（直徑8cm 8個份／2種銅鑼燒的材料相同）

[餅皮麵糊]
蛋液 — 100g
上白糖 — 95g
A | 蜂蜜 — 8g
　| 本味醂 — 5g
低筋麵粉 — 110g
B | 小蘇打 — 1.5g
　| 水 — 23g
太白胡麻油 — 適量

●顆粒紅豆餡＆栗子甘露煮（4個份）
栗子甘露煮（p.16）— 4個
顆粒紅豆餡（市售品／參考p.95的23）— 120g

●栗子豆沙餡＆栗子澀皮煮（4個份）
栗子澀皮煮（p.12）— 3個
栗子泥（細顆粒／p.20）— 60g
白豆沙餡（市售品／參考p.95的23）— 60g

事前準備（2種銅鑼燒的準備事項相同）
・用廚房紙巾擦掉栗子甘露煮、栗子澀皮煮的水分，將栗子澀皮煮縱切成4等分。
・將栗子泥和白豆沙餡混拌，製作成栗子豆沙餡。
・將蛋液置於室溫回溫。
・將低筋麵粉過篩。
・將B混合攪拌。

作法（2種銅鑼燒1～6的步驟相同）
1 製作餅皮麵糊。在調理盆中放入蛋液和上白糖，用打蛋器攪拌約1分鐘打發。
2 加入A混合攪拌，加入低筋麵粉後，將麵糊用打蛋器從底部往上翻拌。加入B之後也以相同方式翻拌。
3 包上保鮮膜，置於室溫約30分鐘。
4 將平底鍋或電烤盤以小火加熱，讓廚房紙巾吸收太白胡麻油後，在表面塗抹擦拭，讓油脂滲透進鍋子或烤盤中。
⇒如果是附蓋且較大的四方形電烤盤，就能一次煎數片餅皮，非常方便。如果是使用平底鍋，鍋中可能有凹凸或斜面，倒入麵糊後會難以整成圓形，因此最好選用完全平面的平底鍋。
5 用湯匙舀取3（一次的量略多於1大匙），從較高處往下倒入4的平底鍋中。
⇒從較高的位置倒入平底鍋，會比較容易整成圓形。
6 蓋上鍋蓋後，偶爾打開確認一下狀態，表面微微冒出氣泡時翻面，大約再煎30秒後，取出置於檯面等處。以相同方式煎16片。
⇒為了避免煎好的餅皮變乾，可以蓋上充分擰乾水分的濕布巾或保鮮膜。
7 組合顆粒紅豆餡＆栗子甘露煮銅鑼燒。取4片6的餅皮，每片放上1/4的顆粒紅豆餡，用抹刀或木鏟把紅豆餡堆成小丘，然後在中央壓出凹陷（a），在每片餅皮的紅豆餡上各放1個栗子甘露煮（b右），如果太大可以切成適當的大小。再取4片餅皮分別蓋上，放在掌心，以將餡料完全包覆的方式稍微壓緊（c）。
8 組合栗子豆沙餡＆栗子澀皮煮銅鑼燒。取4片6的餅皮，每片放上1/4的栗子豆沙餡，用抹刀或木鏟把豆沙餡堆成小丘。在每片餅皮的豆沙餡上各放3塊切好的栗子澀皮煮（b左），取4片餅皮分別蓋上，放在掌心，以將餡料完全包覆的方式稍微壓緊。

最佳品嚐時間、保存期限
放置半天到一天，餅皮會變得更加濕潤美味。
用保鮮膜包覆後，置於室溫（天氣溫暖時請冷藏）可以保存約3天。

a

b

c

栗子蒸羊羹

將麵粉揉合紅豆沙再加以蒸煮，
製作出富有彈性的特殊口感。
放入許多切塊的栗子甘栗煮，
享受親自動手才能品嚐的奢侈美味。

材料（14×11cm的羊羹模具*1個份）
栗子甘露煮（p.16）— 220g
紅豆沙（市售品／參考p.95的23）— 300g
低筋麵粉 — 25g
太白粉 — 6g
上白糖 — 15g
鹽 — 少許
熱水（60℃）— 65g
*也可以用大小相同且耐高溫的調理盤或保鮮盒代替。

事前準備

- 用廚房紙巾擦掉栗子甘露煮的水分，縱切成一半。
- 照著模具大小裁剪烘焙紙。高度要裁剪得比模具高約1cm。沿著模具形狀摺出摺痕，4個角的重疊處用剪刀剪開，鋪入放有底板的模具內。
- 在蒸鍋中裝水，蓋上用布巾包起來的蓋子後開始加熱（參考p75的a）。

作法

1. 在調理盆中放入紅豆沙、低筋麵粉、太白粉，用手充分揉捏攪拌。整體混拌均勻後，加入上白糖和鹽，也以相同方式攪拌。
2. 將指定分量的熱水分成3次加入，每次加入後，都要用橡皮刮刀攪拌至均勻混合為止。整體變得黏稠且柔軟滑順後，加入栗子甘栗煮混合攪拌。
3. 倒入模具中（a），用刮板將表面整平（b）。
4. 放入開始冒出熱氣的蒸鍋中，蓋上鍋蓋（c）以略小的中火蒸約50分鐘。
   ⇒蒸煮期間要確認鍋內的狀況，如果熱水量減少，要適量補足。
5. 蒸好後，趁熱用刮板整平表面使其光滑平整，然後置於室溫放涼。大略冷卻後，連同烘焙紙一起脫模。完全冷卻後，撕除烘焙紙並用保鮮膜包起來。放置半天（4～6小時）後撕除保鮮膜，將邊緣不平整處切除，再切分成16等分（邊長約為1.5×4.8cm）。
   ⇒完全冷卻後質地仍然偏軟，所以要放置半天再切分。

最佳品嚐時間、保存期限
放置半天到一晚後是最佳享用時機。
用保鮮膜包覆後，可以冷藏保存約5天。
享用之前先置於室溫回溫。

a

b

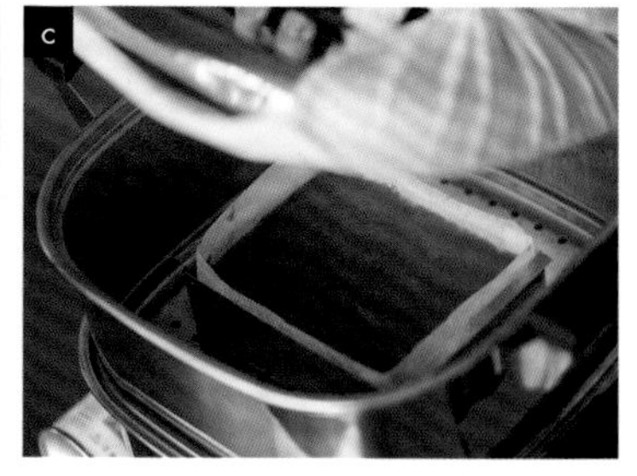
c

栗子琥珀糖

如同霧玻璃般，質地充滿美感的琥珀糖。
栗子甘栗煮的美麗色彩宛如馬賽克，
這是一道讓人忍不住想好好欣賞的甜點。
略帶嚼勁又滑順的口感令人一吃上癮。

材料（14×11cm的羊羹模具*1個份）
栗子甘露煮（p.16） — 150g
寒天粉 — 6g
水 — 230g
細砂糖 — 340g
糖漬柚子皮（市售品） — 20g
*也可以用大小相同且耐高溫的調理盤或保鮮盒代替。

事前準備
・用廚房紙巾擦掉栗子甘露煮的水分，以刀子切成約7mm的小塊。
⇒如果栗子有變成褐色的部分，必須先切除，
盡可能使用顏色漂亮的部分。
・將糖漬柚子皮切成2～3mm的大小。
・拿掉模具的底板，將模具稍微用水沾溼。

作法
1 在鍋中放入指定分量的水和寒天粉，用橡皮刮刀一邊攪拌一邊以較小的中火加熱。沸騰後，轉為小火再加熱攪拌約2分鐘，讓寒天粉溶解。
2 加入細砂糖，繼續一邊攪拌一邊熬煮，煮至可將鍋中液體用橡皮刮刀拉出細絲且滴落時關火。
⇒如果有浮沫產生，要用湯匙撈除。
3 加入栗子甘露煮和糖漬柚子皮混合攪拌，倒入模具後置於室溫冷卻。在大約經過15分鐘及30分鐘的時候（整體變得非常黏稠時），用湯匙輕輕地上下翻動攪拌。
⇒如果放著不動，栗子會浮在上半部，並在這種狀態下凝結，
中途翻動攪拌則能讓栗子均勻分布。
4 置於室溫放涼後，蓋上保鮮膜放入冰箱冷藏2小時以上。
5 將抹刀插入模具側面劃一圈，斜斜地抬起模具，使底部稍微浮起後，倒扣取出整塊琥珀糖，切分成邊長4.5cm×7mm的小塊（a）。
6 將切好的琥珀糖放到烘焙紙上，置於室溫3～5天使其乾燥（b）。每隔半天至一天翻面一次，讓兩面都徹底乾燥，放到砂糖再次結晶、表面變得粗糙為止。
⇒放置乾燥時，不要覆蓋保鮮膜。
乾燥的天數會因濕度與溫度而有所不同，
請觀察琥珀糖的狀態進行調整。

最佳品嚐時間、保存期限
讓砂糖再次結晶、
表面呈現如同霧玻璃的質地時最適合品嚐。
放進保存容器中，可以冷藏約2週。
享用之前先置於室溫回溫。

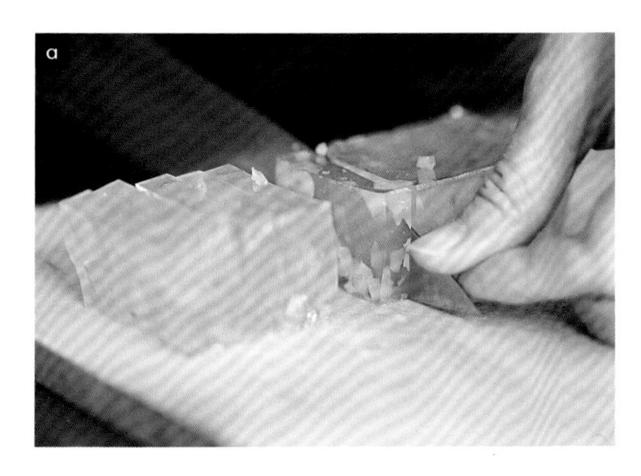
a

b

栗子金團
（作法請見第84頁）

栗子最中餅

（作法請見第85頁）

栗子金團

說到日式栗子甜點，
首先浮現腦海的就是這一道。
只要事先備好栗子泥，之後就能輕鬆製作。
請盡情享受和栗本身的細緻風味。

材料（6個份）

栗子泥（粗顆粒或細顆粒皆可／p20）— 180g

⇒如果喜歡栗子顆粒就使用粗顆粒栗子泥，
喜歡濕潤柔滑的口感就使用細顆粒栗子泥。

作法

1 將栗子泥分成6等分（每份30g）。

2 將稍微沾濕的布巾或紗布（也可以使用保鮮膜）攤開放在手掌上，擺上1之後包起來，把布巾扭緊（a）。捏住扭轉的部分，用另一手的大拇指根部輕壓金團底部調整形狀（b），然後慢慢地打開布巾（c）。以相同方式製作6個。

最佳品嚐時間、保存期限

剛做好的時候最美味。
為了避免乾燥，請用保鮮膜包覆起來，可以冷藏保存約3天。
享用之前先置於室溫回溫。

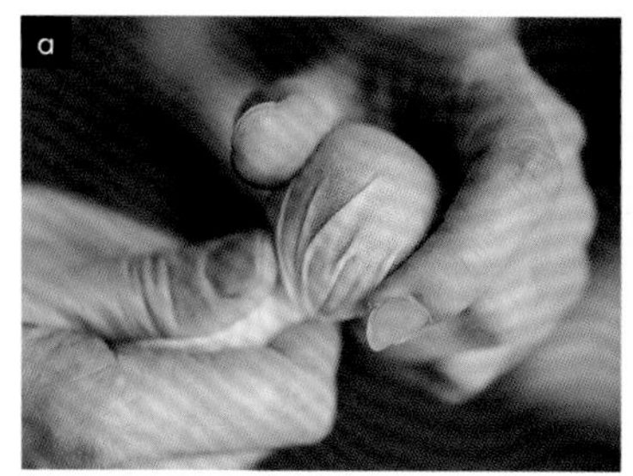

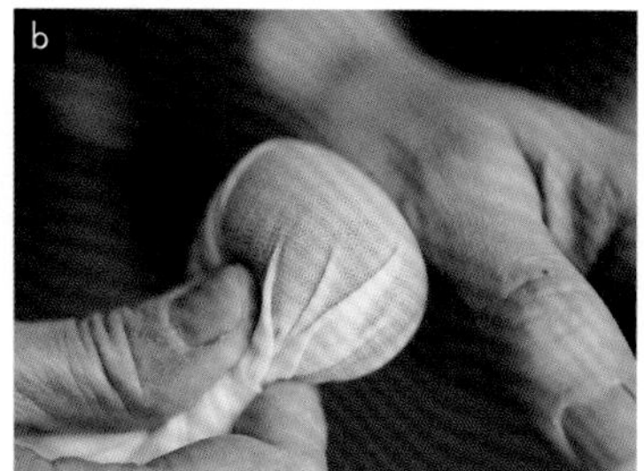

栗子最中餅

只要有市售的紅豆餡、最中餅殼，
再加上栗子甘露煮，馬上就能製作。
不僅適合作為家常點心，
在招待客人時也能派上用場。

材料（6個份）

栗子甘露煮（p.16）— 6個
最中餅殼（市售品／長5.5×寬5.8cm／參考下方的memo）— 6組
顆粒紅豆餡（市售品／參考p95的23）— 240g

事前準備

・用廚房紙巾擦掉栗子甘露煮的水分。
・將顆粒紅豆餡分成6等分（每份40g）。

作法

1 在下方的最中餅殼裡放入顆粒紅豆餡，用木鏟調整成小山般的形狀。
2 在顆粒紅豆餡的中央壓出凹陷，放上1個栗子甘露煮，再蓋上上方的最中餅殼。以相同方式製作6個。

⇒將栗子澀皮煮或栗子甘露煮切成小塊，
和白豆沙餡或紅豆沙餡等喜歡的餡料混合攪拌後填入，
也是一種美味吃法。
將p.66的2種栗子冰淇淋當作餡料、
在市售香草冰淇淋擠上栗子泥，
或是夾入喜歡的冰淇淋，就可以享用冰淇淋最中餅。

最佳品嚐時間、保存期限

剛做好時最好吃。
最中餅殼很容易受潮，因此建議只填入要吃的分量，
並在當天享用。

memo

使用喜歡的最中餅殼
製作也相當有趣

市售的最中餅殼樣式豐富，有許多不同的形狀和設計。有些店鋪提供線上購物服務，因此尋找自己喜歡的最中餅殼也是一種樂趣。也很建議準備各種不同的食材和餡料，與家人或朋友一起動手做。

栗子粉麻糬

將只用栗子和砂糖做的栗子泥過濾成乾鬆的顆粒狀，
滿滿地蓋在柔軟的麻糬上，
滋味質樸卻又略帶奢華感的一道甜點。
用微波爐加熱白玉粉就能輕鬆做出麻糬。

材料（5個份）

[栗子顆粒]

栗子泥（粗顆粒或細顆粒皆可／p.20）— 200g

[麻糬]

白玉粉 — 100g

上白糖 — 20g

水 — 150g

作法

1 製作栗子顆粒。將栗子泥用網目較大的網篩過濾。取一半的量，再各取1/5放到5個盤子上。

2 製作麻糬。在耐高溫容器中放入白玉粉和上白糖。從指定分量的水中取100g加入，用橡皮刮刀充分攪拌混合，讓白玉粉完全溶解。將剩下的水分成2次等量加入，每次加入後都要用橡皮刮刀充分攪拌。

3 鬆鬆地蓋上保鮮膜，放入微波爐（600W）加熱1分鐘後取出，用橡皮刮刀充分攪拌均勻（a）。

4 再重複一次步驟3，最後放入微波爐加熱30秒後取出，充分攪拌均勻（b）。

⇒麻糬充滿彈性且散發光澤時即代表完成。

5 用水沾溼湯匙，每次舀取1/5，分別放到1的盤子上（c）。將1剩下的栗子顆粒分成5等分撒在麻糬上。

最佳品嚐時間、保存期限

剛做好時最好吃。
麻糬很容易變硬，所以請在做好當天享用。

a

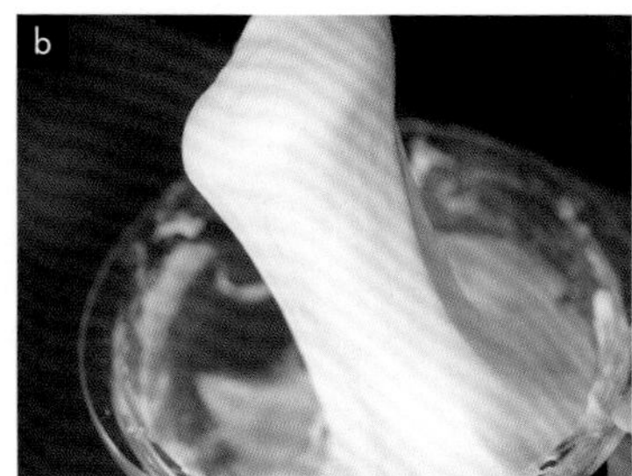
b

c

栗子金鍔

在顆粒紅豆餡中鑲上大量的栗子甘露煮，
用濕潤且富有彈性的外皮包裹起來煎烤。
這是一道也很適合當作日常甜點的樸素點心。

材料（14×11cm的羊羹模具*1個份）

[栗子羊羹]

栗子甘露煮（p.16）— 85g

水 — 80g

寒天粉 — 1g

顆粒紅豆餡（市售品／參考p.95的23）— 250g

鹽 — 1小撮

[外皮]

白玉粉 — 8g　上白糖 — 12g

水 — 65g　低筋麵粉 — 40g

太白胡麻油 — 適量

*也可以用大小相同且耐高溫的調理盤或保鮮盒代替。

事前準備

- 用廚房紙巾擦掉栗子甘露煮的水分，以刀子切成1cm的小塊。
- 將低筋麵粉過篩。
- 將底板放入模具中，稍微用水沾濕。
  ⇒如果是用調理盤或保鮮盒，
  要配合模具的形狀鋪入烘焙紙。

作法

1 製作栗子羊羹。在鍋中放入指定分量的水和寒天粉，開小火，一邊用橡皮刮刀攪拌一邊加熱約2分鐘，讓寒天粉溶解。

2 加入顆粒紅豆餡和鹽，同樣一邊攪拌一邊稍微煮煮2～3分鐘，加入栗子甘露煮混合攪拌。

3 將羊羹液倒入模具後用刮板整平表面，直接置於室溫冷卻。在表面覆蓋保鮮膜，放入冰箱冷藏2小時～一整晚。

4 從模具中取出栗子羊羹，切分成8等分，邊長約為3.5×5.5cm（a）。

5 製作外皮。在調理盆中放入白玉粉，將指定分量的水一點一點地加入並用打蛋器混合攪拌。白玉粉溶解後，加入上白糖和低筋麵粉混合攪拌。
⇒如果把水一次全部加進去，容易讓白玉粉結塊，請多加留意。

6 包上保鮮膜後，置於室溫30分鐘。

7 將平底鍋或電烤盤以小火加熱，淋上少許太白胡麻油後，用廚房紙巾把油脂薄薄抹開一層。

8 撕掉6的保鮮膜，將4的其中一面沾裹薄薄一層外皮麵糊（b），放入7中以小火慢慢煎到外皮乾燥（c）。一面煎好後，剩下的其他面也同樣沾裹麵糊，分成數次逐面煎好。
⇒為了避免麵糊黏在平底鍋上，
要一邊用吸了油脂的廚房紙巾擦拭一邊煎烤（d）。

9 整塊都煎好後，置於蛋糕冷卻架上放涼（e）。用剪刀剪掉超出邊緣的外皮，修整形狀（f）。

最佳品嚐時間、保存期限

比起剛做好時，放置約2小時後，
整體滋味會更加融合美味。
用保鮮膜包覆或放入保存容器中，可以冷藏約4天。
食用之前先置於室溫回溫。

栗子大福

為了充分呈現栗子甘露煮的風味，
選用風味溫和的白豆沙餡來搭配。
正因為是親手製作，
才能夠品嚐到柔軟大福皮的美味。

材料（8個份）

[內餡]

栗子甘露煮（p.16）— 8個
白豆沙餡（市售品／參考p.95的23）— 200g

[大福皮]

白玉粉 — 100g
上白糖 — 25g
水 — 125g
太白粉 — 適量

事前準備

・用廚房紙巾擦掉栗子甘露煮的水分。

作法

1. 製作內餡。將白豆沙餡平均分成8等分（每份25g），用手搓圓後，置於掌心輕輕壓平。在正中央放上栗子甘露煮，用白豆沙餡包住栗子至大約8成的高度（a）。
2. 製作大福皮。在耐高溫容器中放入白玉粉和上白糖，用橡皮刮刀混合攪拌。從指定分量的水中取100g加入後充分攪拌。加入剩下的水，用橡皮刮刀充分攪拌至白玉粉完全溶解。
3. 鬆鬆地蓋上保鮮膜，放入微波爐（600W）加熱1分鐘後取出，用橡皮刮刀充分攪拌均勻（參考p.86的a）。
4. 再重複一次步驟3，最後放入微波爐加熱30秒後取出，充分攪拌均勻。
   ⇒大福皮充滿彈性且散發光澤時即代表完成。
5. 在調理盤上鋪一層太白粉後，放上4。從上方撒下太白粉並整成10×20cm，用刮板切分成8等分（邊長5cm的方形）。
6. 組合。在手上撒少許太白粉，將5延展成直徑約7cm（b），把1露出栗子的那一側朝下放到大福皮的中央。將大福皮一點一點地拉開並包住內餡，收口處用手指捏緊（c）。
   ⇒大福皮一旦冷卻就很難延展，
   所以要趁熱操作（小心別燙傷）。
7. 最後將收口處朝下，放在手掌上邊轉動邊整成圓形（d）。以相同方式製作8個。

最佳品嚐時間、保存期限
剛做好時最好吃。
大福皮很容易變硬，所以請在做好當天享用。

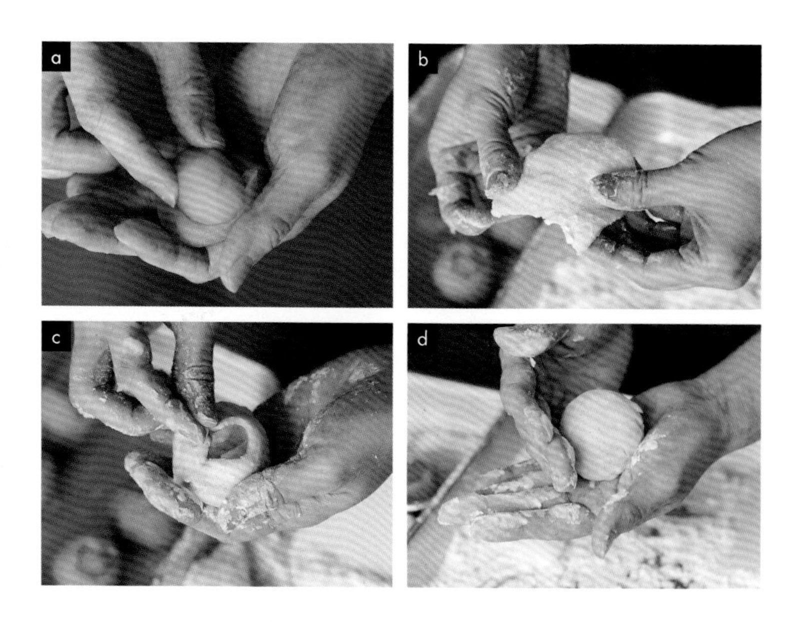

結語

由於工作性質，我經常使用各式各樣的食材，
但每次都覺得應該沒有哪種食材比栗子更麻煩了吧!?
堅硬結實的鬼皮中還有細緻的澀皮把果實完全包起來，
將這些皮仔細去除是一項大工程。

然而，正因為非常費工，所以在完成這些處理後，
看著整排裝滿栗子的玻璃瓶，不僅充滿成就感，
同時也會心想「果然還是栗子最棒了」，幸福之情便油然而生。
栗子們真是太可愛了。

雖然在本書中介紹了許多栗子點心，但光是可以長時間存放的
澀皮煮、甘露煮以及栗子泥，就已經是非常棒的甜點了。
因此，請大家先品嚐這些尚未進一步加工的點心，
好好享受栗子本身的香氣與美味。

本書中的食譜，可說是集結了所有「超熱門的栗子甜點」。
包含簡單就能完成的品項，以及製作步驟較為繁瑣的品項，
其共通點為無論時代如何變遷，都能讓人打從心底讚嘆「好吃！」
我始終都以做出能讓所有人產生這種感受的美味為目標。

一直以來，我都是因為想吃栗子而進行這些處理，
但從2022年開始，我試著用栗子染布。
明度較低的自然色彩非常有秋天感，深得我心。
將素胚紗布染色後，用於製作栗子金團或包裝栗子甜點，
都能讓這些與栗子相關的創作變得更加有趣。

希望本書能讓大家處理栗子的過程多少變得更順暢，
並且能以平靜安穩的心情面對這項季節的手工作業。
此外，如果這些利用基礎栗子加工品製作的點心中，
有任何一道能成為各位秋天的必備甜點之一，我將會感到非常開心。

下園昌江

利用栗子煮汁染布的方法

［使用栗子澀皮煮的煮汁］

1 用溫熱的水手洗布匹，並確實擰乾水分。
2 保留栗子澀皮煮 step5 ～ 6（p.14）去除雜質的煮汁，並用濾網過濾至鍋中。
⇒建議使用最初烹煮的煮汁。這種情況下，可以一口氣完成 step7 更換煮汁的步驟。
3 將 1 放入鍋中，以小火煮約 30 分鐘後關火，浸泡 2 小時～一整晚。為了避免布匹浮出水面，要不時用筷子等將其壓入水中浸泡，讓整體都能染上顏色。
⇒放置時間愈長，顏色就愈深。乍看之下會覺得顏色太重，但在步驟 5 以明礬水浸泡過後，顏色就會變得相當明亮。
4 將 50 ～ 60℃的熱水 1ℓ 和 1 大匙燒明礬放入調理盆中加以溶解。
5 將 3 稍微用水洗過後擰乾，放入 4 中浸泡 20 ～ 30 分鐘。
6 用水清洗過後，擰乾水分並晾乾。
⇒如果想讓顏色稍微加深的話，可以再次浸泡在 3 的染色液中數小時，然後泡在 4 的明礬水中，如此重複操作數次。第 2 次開始浸泡時不須加熱，直接置於染色液中即可。可以依照染色的狀態調整浸泡的時間。

［使用栗子甘露煮的煮汁］

同上方的步驟 1 一樣備好布匹。不過和澀皮煮相較，甘露煮的染色液較少，所以建議用小塊一點的布。如果想要染尺寸較大的布，可以適量地加入乾燥梔子花果實和水，多做一點染色液。在栗子甘露煮的 step7（p.18）先取出乾燥梔子花果實，再把煮汁過濾至另一個鍋子中，和上方的步驟 3 一樣將布匹煮過後關火，直接浸泡 30 分鐘，觀察一下染色的狀況。如果已經上色，就同上方的步驟 4 ～ 5 浸泡明礬水，之後用水洗淨，擰乾水分並晾乾。

淺粉紅色的布是使用栗子澀皮煮的煮汁染製而成，上方淺黃色的布則是使用栗子甘露煮的煮汁染製。這裡介紹的是簡單且好上手的染布方法。選擇素胚紗布或粗布巾等較薄的布會比較容易上色，尺寸的話，請準備可以充分浸泡在煮汁中的大小。

工具

這裡分別介紹處理栗子和製作甜點時，
必備的工具以及有的話會更方便的工具。

處理栗子時使用的工具

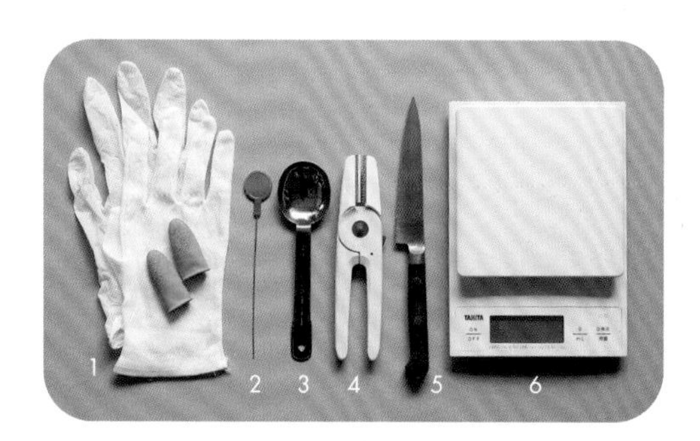

1.棉手套＋拋棄式橡膠手套、指套：剝除栗子殼時，要戴上2層手套並套上指套。／2.烘焙探針：在熬煮栗子甘露煮的步驟中，用來戳刺栗子確認是否煮熟。／3.量匙：要挖出水煮栗子的果肉時非常方便。／4.栗子剝殼器：這裡推薦選用SUWADA公司的「栗くり坊主」。／5.小刀：剝栗子時使用的是Misono 440小刀。刀刃長度為120mm。／6.電子秤：使用最小能秤量出0.1g且有電子顯示螢幕的電子秤。

製作甜點時使用的工具

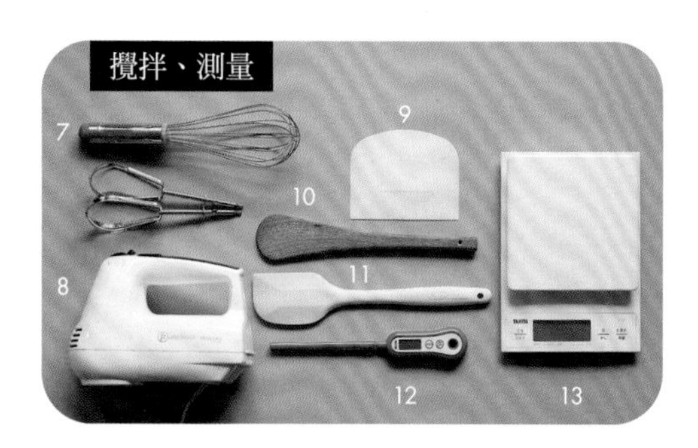

7.打蛋器：用來打發麵糊或鮮奶油。攪拌頭的不鏽鋼線有確實固定的產品會比較方便使用。／8.手持式電動攪拌器：可以切換速度並充分攪打。攪打時的力道會因為機種不同而異，攪打時要一邊觀察狀態一邊調整。／9.刮板：用來混拌麵糊或塑形、整平表面等。／10.木鏟：在製作含有奶油或粉類較多的甜點時非常好用。請選擇製作甜點專用、整體細長的產品。／11.橡皮刮刀：在混拌柔軟的食材或將麵糊移動到模具、調理盆時很方便。建議使用耐高溫的產品。／12.食品溫度計：將巧克力隔水加熱融化時的必備工具。／13.電子秤：必須使用最小能秤量出0.1g材料的電子秤。

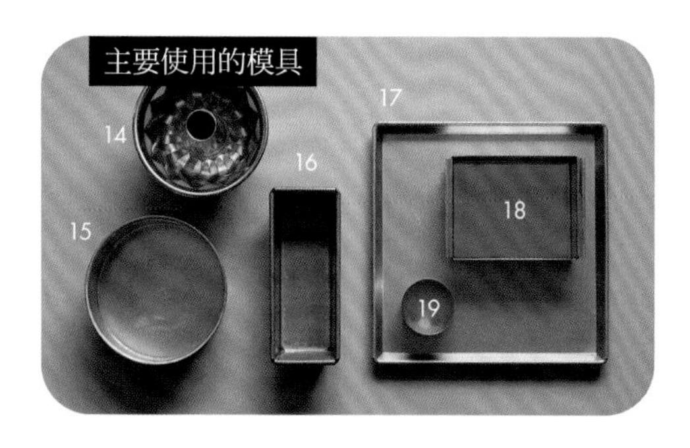

14.咕咕霍夫模具：直徑15×高8cm。有一定深度且呈甜甜圈狀的模具，側面有斜斜的紋路為其特徵。／15.圓形模具：基本款的圓形模具。本書中使用直徑15×高6cm、底部可分離的「活底模具」，以及底部不能分離的「固定模具」。／16.磅蛋糕模具：有多種尺寸可以選擇且方便好用的磅蛋糕模具。準備18×7×高5.5cm的標準型模具，以及約23×4.5×高6cm的細長型模具。／17.蛋糕捲模具：邊長27cm×高1.9cm的蛋糕捲模具。能烤出顏色均勻、漂亮的蛋糕體。／18.羊羹模具：使用14×11×高4.5cm的模具。可以根據所製作的甜點放上底板或拿出底板。使用前先用水濡濕或鋪入烘焙紙。／19.圓形塔模圈：烤栗子派時，使用直徑6×高4.5cm的塔模圈套著烘烤。也可以用馬芬模具或布丁杯代替。

20.擠花袋、花嘴：準備2～3個可以重複使用的擠花袋會很方便。花嘴則準備直徑1.3cm和1cm這2種不同尺寸的圓形花嘴，以及蒙布朗專用花嘴。／21.烘焙紙：鋪入烤盤或各種模具中塑形時使用。／22.網篩、網目較大的網篩：左邊的網篩是過篩較細的粉類或過濾栗子泥時使用。右邊網目較大的網篩則是過篩杏仁粉等顆粒較大的粉類，或是將栗子泥過濾成粗粒狀時使用。／23.調理盆：準備直徑18cm和13cm大小的2種尺寸。建議使用隔水加熱時導熱性佳的不鏽鋼調理盆。／24.蛋糕冷卻架：直徑24cm的網架。將烤好的甜點靜置冷卻、在蛋糕上澆淋糖霜或塗抹糖漿時很方便。

材料

這裡介紹處理栗子和製作甜點時
主要使用的材料。

有★標示的商品可以在下方的網路商店購買。
富澤商店 網路商店　https://tomiz.com/　tel 0570-001919

處理栗子時使用的材料

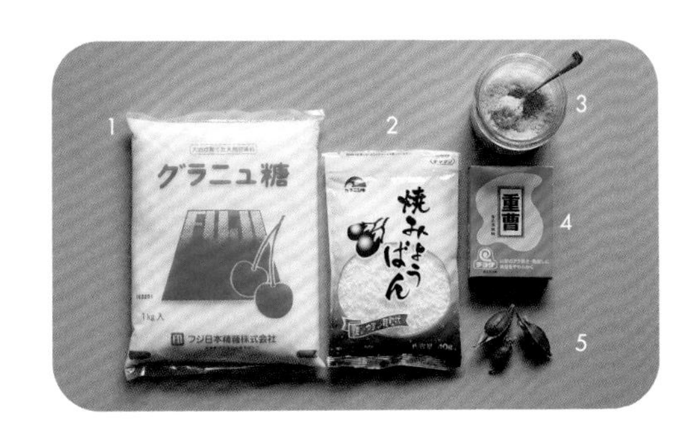

1.細砂糖：高度精煉過，能使長期保存的食材呈現清爽的甜味。富士山櫻桃標誌 細砂糖1kg★／2.燒明礬：溶解於水中並將栗子浸泡其中以去除雜質，也可以避免栗子煮到崩散或是變色。／3.鹽：鮮味濃郁，能夠提引出食材的美味。這裡建議使用「給宏德鹽之花（顆粒）」。／4.小蘇打：用來去除栗子澀皮煮的雜質。加入小蘇打並經過多次水煮後，就能去除澀皮的雜質。／5.乾燥梔子花果實：讓栗子甘露煮呈現鮮豔黃色的色素來源。敲碎果實和栗子一起煮，就能將糖漿和栗子都染成黃色。

製作甜點時使用的材料

粉類

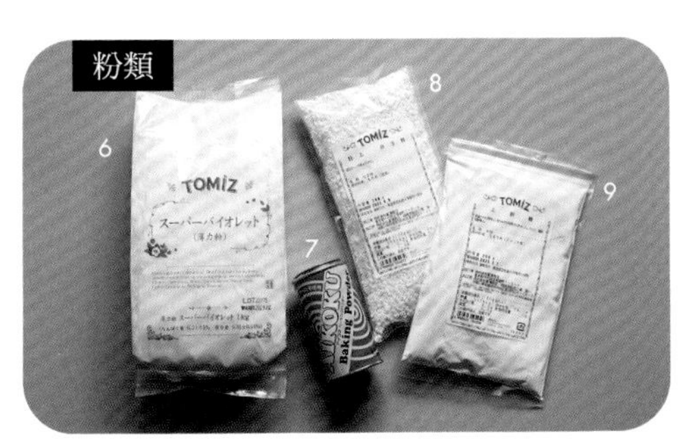

6.低筋麵粉：在製作西式甜點和日式甜點的時候，都使用蛋白質含量較少且能做出輕盈口感的「特級紫羅蘭麵粉」。只有在製作維多利亞夾心蛋糕時，選用顆粒較粗且口感極佳的「烘烤甜點專用Ecriture麵粉」。特級紫羅蘭麵粉（日清製粉）1kg★／7.泡打粉：選用不含鋁的產品。讓西式甜點膨脹時不可或缺的材料。／8.白玉粉：製作金鍔的外皮或栗子粉麻糬、栗子大福的外皮時使用。能做出日式甜點獨特且充滿彈性的口感。特上 白玉粉200g★／9.上新粉：將粳米以不加熱的方式磨成粉末狀、質地細緻的米製粉。在製作日式甜點浮島的麵糊時，混合低筋麵粉一起使用，能讓成品的口感變得更好。上新粉200g★

糖類

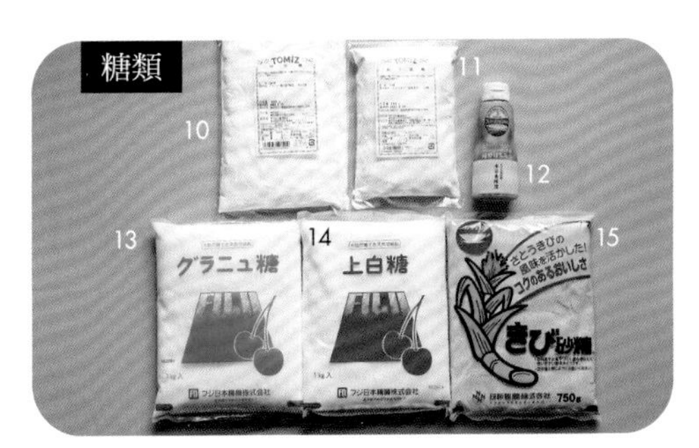

10.糖粉：因為顆粒細緻，所以容易和麵糊融合，適合用於各種甜點，以及製作最後裝飾用的糖霜等等。糖粉400g★／11.和三盆糖：甜味高雅且深邃，是和栗的最佳拍檔。本書中用來製作蒙布朗的蛋白霜。和三盆糖250g★／12.蜂蜜：加入西式甜點和日式甜點的麵糊中更增風味。／13.細砂糖：能提引出食材的原味且沒有雜味的甜味劑，不論製作西式或日式甜點都是重要角色。富士山櫻桃標誌 細砂糖1kg★／14.上白糖：帶有濃郁鮮明的甜味。可以做出濕潤的蛋糕體，另外也很容易烤上色。富士山櫻桃標誌 上白糖1kg★／15.黍砂糖：帶有圓潤溫和的甜味且風味濃郁獨特。日新製糖 黍砂糖750g★

增添香氣與風味

16.杏仁粉：將杏仁磨成粉狀。製作烘烤甜點時的美味關鍵，能呈現豐富的風味。去皮杏仁粉100g★／17.即溶咖啡粉：用於製作麵糊或糖霜，選擇可用冷水溶解的產品會比較方便。／18.可可粉：製作松露巧克力時，用於最後一個裹上的步驟，可以增添微苦風味。／19.可可脂粉：以可可脂製成的粉末狀產品。用於調溫少量的巧克力時。可可脂粉20g★／20.蘭姆酒：和栗子是絕配。建議選用香氣馥郁且風味濃厚的產品。深色蘭姆酒30mℓ★／21.苦味巧克力：根據食譜分別使用可可脂含量56%和66%的巧克力。法芙娜Caraque 200g★

方便的市售品

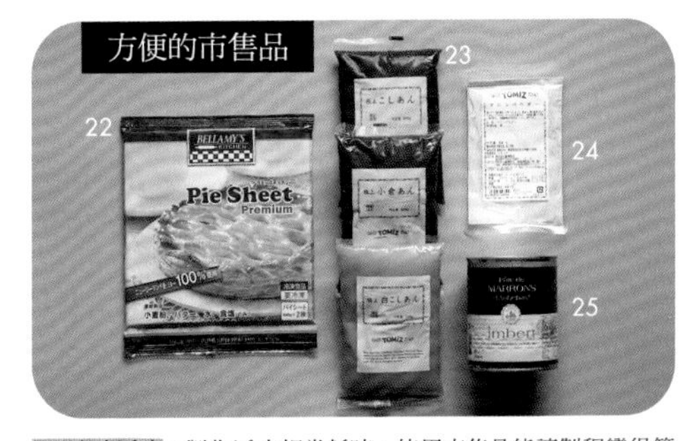

22.冷凍派皮：製作派皮相當耗時，使用市售品能讓製程變得簡單又保有美味。BELLAMY'S派皮150g×2★／23.豆沙餡：製作日式甜點時不可或缺的豆沙餡。市面上也有販售各種產品，可以方便地使用。從上往下分別是口感絕佳、細緻柔滑的紅豆沙餡，特別保留紅豆風味並留下顆粒感的顆粒紅豆餡，能享受豆類原本顏色及風味的白豆沙餡。極上紅豆沙餡500g★、極上小倉顆粒紅豆餡500g★、極上白豆沙餡500g★／24.栗子粉：選用南義大利坎帕納（Campania）羅卡達斯皮德（Roccadaspide）產的栗子，並以石磨磨製而成。栗子粉50g★／25.栗子泥：選用以歐洲板栗和砂糖、香草製成，風味濃郁的「法國安貝（imbert）栗子泥」。

下園昌江　Masae Shimozono

甜點研究家。1974年生於日本鹿兒島縣。筑波大學畢業之後，在日本甜點專門學校學習甜點製作技術與理論。接著在甜點店學習實作6年。2001年設立了甜點專門網站「Sweet Cafe」，透過寬廣的視野傳遞各種甜點相關資訊，同時在國內外品嚐各式各樣的甜點，其中深受法國糕點的魅力所吸引。2007年開始在自宅開設甜點教室，從甜點的歷史到食材的特色都能深入學習的課程大受好評，成為非常受歡迎的甜點教室。著有《アーモンドだから、おいしい（因為使用了杏仁，所以美味）》、《4つの製法で作る 幸せのパウンドケーキ（用4種製法做出幸福美味的磅蛋糕）》（以上書名皆為暫譯，均為日本文化出版局出版）等書，中文譯作則有《職人精選，經典歐式餅乾！ 31款送禮自用、團購接單必學手作曲奇食譜！》（台灣東販）等。

Instagram @masaeshimozono

極品馥郁栗子甜點

2024年10月1日初版第一刷發行

作　　者	下園昌江
譯　　者	黃嫣容
主　　編	陳正芳
特約編輯	劉泓葳
美術設計	許麗文
發 行 人	若森稔雄
發 行 所	台灣東販股份有限公司
	＜地址＞台北市南京東路4段130號2F-1
	＜電話＞(02)2577-8878
	＜傳真＞(02)2577-8896
	＜網址＞https://www.tohan.com.tw
郵撥帳號	1405049-4
法律顧問	蕭雄淋律師
總 經 銷	聯合發行股份有限公司
	＜電話＞(02)2917-8022

Printed in Taiwan

TOHAN

日文版工作人員

攝　影	馬場わかな
設　計	福間優子
造　型	西﨑弥沙
校　對	かんがり舎
D T P	小林 亮
印　刷	栗原哲朗（図書印刷）
編　輯	岩越千帆
	若名佳世（山と溪谷社）

國家圖書館出版品預行編目資料

極品馥郁栗子甜點 / 下園昌江著；黃嫣容譯. -- 初版.
-- 臺北市：臺灣東販股份有限公司, 2024.10
96面；18.8×25.7公分
ISBN 978-626-379-587-7（平裝）

1.CST：點心食譜

427.16　　113012752